甜菜品种的育性鉴定
及分子身份证的构建

吴则东　白晓山　董心久　梁雪梅　夏雨晴　王宇晴　著

黑龙江大学出版社

HEILONGJIANG UNIVERSITY PRESS

哈尔滨

图书在版编目（CIP）数据

甜菜品种的育性鉴定及分子身份证的构建 / 吴则东
等著 . -- 哈尔滨 ：黑龙江大学出版社，2024.4（2025.3 重印）
　ISBN 978-7-5686-1156-5

　Ⅰ . ①甜… Ⅱ . ①吴… Ⅲ . ①甜菜－品种鉴定－研究
Ⅳ . ① S566.303.3

中国国家版本馆 CIP 数据核字（2024）第 085511 号

甜菜品种的育性鉴定及分子身份证的构建
TIANCAI PINZHONG DE YUXING JIANDING JI FENZI SHENFENZHENG DE GOUJIAN

吴则东　　白晓山　　董心久　　梁雪梅　　夏雨晴　　王宇晴　著

责任编辑	李　卉　张　焱
出版发行	黑龙江大学出版社
地　　址	哈尔滨市南岗区学府三道街 36 号
印　　刷	三河市金兆印刷装订有限公司
开　　本	720 毫米 ×1000 毫米　1/16
印　　张	11.75
字　　数	202 千
版　　次	2024 年 4 月第 1 版
印　　次	2025 年 3 月第 2 次印刷
书　　号	ISBN 978-7-5686-1156-5
定　　价	48.00 元

本书如有印装错误请与本社联系更换，联系电话：0451-86608666。

版权所有　侵权必究

序　言

糖用甜菜是甜菜当中一种比较新的作物。1747年德国的化学家马格拉夫发现甜菜中含有蔗糖,之后马格拉夫的学生阿查德从甜菜中提取到了蔗糖,并对甜菜品种进行了筛选,选出了世界上第一个糖用甜菜品种"白色西里西亚",并于1801年建成了世界上第一座甜菜糖厂,从1802年开始进行甜菜的加工。甜菜最初种植在冷凉地区,后来甜菜的种植区域不断扩大,目前甜菜已在世界上大多数国家进行种植。

从糖用甜菜诞生的那一刻起,甜菜育种工作就开始了。一些国家建立了甜菜育种工作站,后来逐步地成立了甜菜的育种公司。目前世界上比较大的甜菜育种公司有德国的 KWS SAAT SE 公司、法国的 SES VanderHave 公司以及丹麦的 MariboHilleshög ApS 公司,还有一些规模相对比较小的甜菜育种公司,例如德国的 STRUBE 公司、美国的 BETASEED 公司以及英国的 Lion seeds 公司等,这些育种公司的甜菜品种已经占据了世界各国的甜菜种子市场。我国的甜菜育种工作从新中国成立后开始,目前主要集中在黑龙江大学现代农业与生态环境学院、内蒙古自治区农牧业科学院特色作物研究所、新疆农业科学院经济作物研究所,以及石河子农业科学研究院甜菜研究所。

甜菜品种以单胚三交种为主,同一品种不同个体之间具有一定的遗传多样性。要想了解不同品种之间的遗传多样性,就要确定多少个个体能够代表一个群体,也就是确定取样策略。因此,为了更好地了解甜菜品种的育种方式以及甜菜品种的遗传多样性,并构建甜菜品种的指纹图谱,本书主要介绍了国内外甜菜育种公司、国内外甜菜品种细胞质以及细胞核的育性基因组成、国内外甜菜品种的育种方式,基于分子标记技术确定甜菜品种的取样策略,基于最优的取样策略分析甜菜品种的遗传多样性,并构建甜菜品种的分子身份证。对国内外甜菜品种多方面了解，能够为我国糖用甜菜育种提供思路。

吴则东、白晓山和董心久参与了全书的统筹和大部分的撰写工作，梁雪梅、夏雨晴和王宇晴参与了了本书的实验部分的撰写工作，其中吴则东撰写大约 10 万字，白晓山和董心久均撰写大约 3 万字，另外三位作者合作撰写大约 4.2 万字。

希望我国在糖用甜菜育种上能够更好地发展，并产出更优质的国产甜菜品种。

吴则东

2023 年 9 月 11 日

目　　录

第1章　糖用甜菜育种发展概述

1.1　糖用甜菜的发现及发展简述

糖用甜菜是甜菜当中一种比较年轻的作物,距今有 200 多年的历史。甜菜起源于地中海沿岸,一共包含 12 个种,但在很久以前甜菜的栽培类型只有叶用甜菜、饲用甜菜和食用甜菜 3 种。公元前 750 年左右,叶用甜菜被巴比伦国王种在皇家公园里作为观赏植物,被称为"新克娃"。公元前 425 年左右,甜菜在希腊作为蔬菜被种植。公元前 400 年左右,古希腊和古罗马记载了食用甜菜作为药材和蔬菜被种植。公元前 300 年左右,化学家托夫提斯记载甜菜有红色和白色两种。1583 年,克萨皮纳斯对栽培甜菜进行了详细的分类,识别出了 4 个不同的甜菜种类,红甜菜就是其中之一。1600 年,法国农学家奥利维尔·德·塞雷斯在 *Théâtre d'Agriculture*(《农业剧院》)中详细介绍了块根类作物,其中甜菜作为当时刚由意大利传到法国的一种作物,其块根是红色的,叶子厚实,可以食用。1605 年左右,法国人欧利芙·耶德·希尔把甜菜块根中含有糖的信息记载了下来。1747 年是非常重要的一年,德国的化学家马格拉夫发现白色和红色甜菜块根中含有的糖和甘蔗中糖的成分完全相同,均为蔗糖,但是由于当时实验所用的甜菜的含糖率太低,对于制糖几乎没有什么价值,因此马格拉夫没有继续进行研究。1776 年,马格拉夫的弟子阿查德继承师志,从事甜菜的改良工作。他发现根皮为白色的饲用甜菜含糖率比较高。他采用混合选择的方法,不断地提高甜菜的含糖率,成了甜菜育种和甜菜制糖的第一人。1784 年,阿查德成功地用工业方法从甜菜块根中结晶提取出砂糖,并在饲用甜菜中通过人工选育的方法选出第一个制糖用的甜菜品种"白色西里西亚",该品种被称为"世界糖用甜菜之母"。1799 年,阿查德的第一部有关甜菜糖生产的书《甜菜栽培》出版。1801 年,阿查德受到普鲁士国王威廉三世的支持,在西里西亚的库内恩买了房产、地产,建立了世界上第一座甜菜糖厂。1802 年 3 月,利用上一年收获的甜菜块根进行了一榨季的制糖生产。此后糖用甜菜开始向世界各地传播,1802 年,俄罗斯在图拉建立了第一座糖厂。

拿破仑在糖用甜菜的发展中起到了至关重要的作用。当时由于法国海军对英国实施了封锁措施,禁止来自英国及其殖民地的一切货物进入法国及其追随国,因此,拿破仑不得不去找一个替代方案,以确保法国的糖能正常供应。1802 年以前,德莱塞特开始用德国的甜菜进行蔗糖提取实验,实验取得了较好的成果,因此,拿破仑建立了五所专门研究造糖技术的学校。在对之前法国和德国的实验进行评估之后,法国国务委员会同意大规模种植甜菜。根据 1811 年 3 月 25 日颁布的法令,拿破仑批准播种 32 000 公顷的甜菜,后来由于缺乏种子而将种植面积减小到 7 000 公顷,同时国家还资助建造了许多工厂。1812 年甜菜生产面积增加到 100 000 公顷,并且拿破仑授权建设了 334 家糖厂。

1830 年,俄罗斯有 30 座糖厂开工生产,德国、奥地利一些新旧糖厂恢复生产,由科比培育的白色西里西亚甜菜的含糖率已提高至 9.0%。1838 年,美国的北安普顿建立了一家甜菜糖厂,三年后关闭。1854 年,智利曾尝试种过甜菜,1942 年在中南部各省种植成功,1954 年建立了甜菜制糖加工厂。1880 年,日本在北海道建成了一座糖厂。此时,世界甜菜糖生产量已经超过甘蔗糖。

1905 年,中国东北开始种植糖用甜菜。1908 年,建成了一座日加工甜菜 350 t 的甜菜制糖厂——阿城糖厂。1915 年,又建成了一座日加工甜菜 350 t 的甜菜制糖厂——呼兰糖厂。1920 年,北京博益公司在山东济南兴建立了博益糖厂,于 1921 年投产,1929 年停产。

目前世界上已有 40 多个国家种植糖用甜菜,用于生产蔗糖。

1.2 糖用甜菜育种发展简述

自糖用甜菜诞生之日起,糖用甜菜的育种工作就开始了。最初是采用混合选择的方法,优中选优,希望与甜菜含糖率有关的优良基因能够不断地聚合到一起。

　　1830 年,甜菜在欧洲农业中的地位提升,作用彰显,供给制糖工业生产用甜菜种子的育种公司得到大力发展,波兰、法国等国成立了育种部门,著名的有瑞典的 Svalof 等。

　　1842 年,旋光计得到改进并应用于甜菜制糖工业,旋光计测定甜菜的含糖率更加准确,加快了甜菜育种工作的发展速度。

　　1850 年,法国植物育种家维尔莫林将含糖率作为标记,确立了系统选择的甜菜育种方法。当年,德国的 F. Knauer 首次对白色西里西亚甜菜进行了改良,培育出了"帝王"甜菜,含糖率为 13.0% ~ 14.0%。1878 年,沃尔用根用甜菜与叶用甜菜进行自然杂交,选育出了含糖率达 13.5% 的甜菜新品种。同年,在巴黎展出了维尔莫林培育的甜菜。1886 年,著名的真菌学家 Saccard 最早发现了甜菜褐斑病病菌。1910 年,意大利的罗维戈甜菜试验站开始培育抗褐斑病的品种,在 O. Munerati 的主持下开展研究,将当地抗褐斑病的甜菜品种与来自红河谷的沿海甜菜品种进行杂交,之后又进行回交,1935 年时已培养出比较有价值的抗褐斑病甜菜品种,其中甜菜品种 Rovigo581 抗褐斑病的效果最佳。1925 年,美国农业部首次提出抗甜菜曲顶病和褐斑病的育种目标,经过努力,于 1932—1940 年选育出抗曲顶病和褐斑病的优良甜菜品种。美国农业部的 Eubanks Caraner 自 1918 年起进行抗病甜菜品种的严格筛选,后来其与 Katherine Esau 合作,于 1929 年筛选出了第一批抗甜菜曲顶病的原种,并正式命名为 US-1。

　　1930 年,萨维茨基及其同事在基辅甜菜研究所发现了甜菜单粒植株。同年,美国西部培育出抗曲顶病品种。甜菜单粒植株的发现促进了甜菜单胚品种的选育。1936 年,马里博育种站农学博士 V. L. 隆德创造了染色体加倍的四倍体甜菜。1940 年,加拿大学者 H. 波托及 J. W. 博伊斯成功利用秋水仙素诱变出了四倍体甜菜,并且创造出了多倍体杂交品种。之后,日本等国也开始进行多倍体育种。1968 年,第一个遗传单粒球形的雄不育三倍体甜菜品种培育成功了。

　　1942 年,美国甜菜育种家欧文发现了甜菜细胞质的雄性不育性,使甜菜育种工作由母系选择育种阶段进入杂种优势育种阶段。1948 年,萨维茨基开始利用甜菜遗传单粒品种进行育种,将甜菜遗传单胚品种和细胞质雄性不育品种相结合,培育出了成对的单胚细胞质雄性不育系和保持系。自此,以具有优良性状的多胚为父本,单胚不育系为母本的 100% 杂交种育成。此后,世界各国开始使用二倍体单胚杂交种。

1953 年,科学家开始进行甜菜多倍体育种。1955 年,美国萨里纳斯试验站开始进行抗黄化病甜菜品种育种。1958 年,利用雄性不育性成功获得了杂交种。1960 年,欧洲莫诺希尔公司首先使用甜菜三倍体单粒种。1977 年,意大利经济作物研究所育种站开始进行甜菜抗丛根病的研究工作,同年,美国甜菜育种家 J. Clail Therer 在犹他州开始培育光滑甜菜。

1990 年,美国的第一个光滑甜菜块根品系投放市场。2000 年,俄罗斯的尤里·萨如尔科夫博士从引进的 147 个遗传甜菜品种中筛选出 2 个命名为 NK-302、NK-303 的抗褐斑病的亲本品系。2004 年,美国农业部宣布,抗丛根病的光滑甜菜育成,并且至 2004 年已培育出 7 个光滑甜菜品种。

1.3 本章小结

目前世界上种植的甜菜品种基本上都是以单胚细胞质雄性二元不育系为母本,优良多胚自交系为父本杂交而成的。目前我国甜菜登记品种的数量超过 100 个,绝大多数为从国外进口的甜菜品种,了解国外进口甜菜品种的细胞质和细胞核与育性相关基因的组成有助于对国外甜菜品种父本的组成进行分析。同时要快速地鉴定不同的甜菜品种,就需要构建甜菜品种的指纹图谱。由于甜菜品种属于三交种,每一粒种子的基因型会有差异,因此就要确定取样策略,也就是多少粒种子能够代表一个品种。本书主要解决"甜菜品种的育性鉴定""甜菜品种的取样策略"和"甜菜登记品种的指纹图谱以及遗传多样性分析"等几个问题。

第2章　甜菜品种育性的鉴定

2.1　引言

2.1.1　甜菜品种育性鉴定的重要性

目前在我国许多地方也已经开始大力引进并种植甜菜,甜菜成为一种非常常见的糖料作物。甜菜作为糖料作物在我国栽培已有100多年的历史了,甜菜育种工作也在不断地发展。20世纪50年代初,欧洲率先应用和推广三倍体杂交种,此后,杂种优势得到迅速发展,成为甜菜育种的主要方法。目前,世界各主要国家使用的甜菜品种大多为单胚细胞质雄性不育系杂交得到的三交种。三交种是以异质单胚不育系和单胚保持系进行单交获得的二元单胚不育系为母本,优质授粉系为父本,杂交后收获的种子。甜菜杂交种子的培育依赖于单一的不育系,即所谓的Owen型细胞质,Owen型细胞质是由Owen在US-1品种中发现的。近年来,国内也培育出了一些以甜菜单胚细胞质雄性不育系为母本的单胚品种,但由于我国的单胚不育系和保持系的数量较少,限制了三交种母本的数量,从而使得我国每年配制的杂交组合数目较少,所以我国主要投入生产的甜菜品种大多数是从国外引进的品种。

目前在我国占据大部分甜菜种子市场的是国外甜菜种业公司的甜菜种子,国产甜菜种子受到国外甜菜种子的冲击较大。随着对单胚雄性不育丸粒化品种的需求逐年增加,市场上出现种子质量参差不齐甚至假冒伪劣等情况。此外,大量国外品种的进入也使我国甜菜病害发生率大幅上升。褐斑病及根腐病、丛根病等病害导致甜菜含糖率下降,这严重影响了我国甜菜产业的发展进程,也使得我国愈发依赖国外的优良抗病品种。

了解国内外甜菜品种的细胞质以及细胞核育性相关基因的组成,对于指导我国甜菜育种具有积极的意义。

2.1.2 细胞质雄性不育产生的原因

在学术上,我们通常按照不育基因的遗传方式将雄性不育分为质核互作雄性不育(nucleo-cytoplasmic male sterility)、细胞核雄性不育(nucleus male sterili-ty,NMS)以及细胞质雄性不育(cytoplasmic male sterility,CMS)。细胞质雄性不育是生产中常使用的雄性不育类型。据报道,在 150 种发生雄性不育的植物物种中,细胞质因子均参与其中。一种用来解释 CMS 的遗传模型表明,CMS 由细胞核基因与线粒体基因共同调控。具体来说,在线粒体中产生其中一种不育诱导基因(S),而核基因组中的育性恢复基因 Rf 能够抑制或抵消 S 的作用。根据这个模型,CMS 的植株含有 S 基因和两个不可恢复核等位基因(即[S]$rfrf$),而[S]$RfRf$ 或[S]$Rfrf$ 的植株可以产生功能花粉。线粒体上具有可育基因(N)时,无论其 Rf 位点上的核等位基因如何,都是雄性可育的。

2.1.2.1 线粒体基因组重排

CMS 由线粒体基因组和核基因组决定,并且与不育花粉表型有关。CMS 性状主要表现为无法产生正常的有活力的花粉,但雌蕊的发育和植物的营养生长均正常。在多数情况下,CMS 是由线粒体基因组重排引起的,线粒体基因组重排会形成嵌合基因或开放阅读框(open reading frame,ORF),这些嵌合基因或 ORF 的表达通常会干扰线粒体膜内的电子传输链和 ATP 的合成,导致氧化胁迫和 ATP 合成减少,最终导致花粉活力丧失。

1976 年,Levings 首先对线粒体 DNA(mtDNA)和 CMS 之间的关系进行了研究,利用一系列限制性内切酶来酶切正常玉米和细胞质雄性不育玉米的 mtDNA。进行电泳实验后发现,这两种玉米的 mtDNA 之间存在显著的差异,首次从分子水平上证明了细胞质雄性不育与 mtDNA 有关。Dewey 等人于 1986 年鉴定玉米三种 CMS 类型中的 CMS-T 线粒体的一个 DNA 片段时发现,该片段包含两个长的开放阅读框 *orf* 25 和 *orf* 13，*orf* 13 可以编码由 115 个氨基酸组成的多肽，且仅在 T 型细胞质中与转录本杂交。这是 *orf* 13 第一次被鉴定为与 CMS 相关的线粒体嵌合基因。随后，有人提出细胞质雄性不育属于功能获得性突变的概念。与 CMS 性状相关的基因还有矮牵牛的 *Pcf* 和水稻中的 *cox*1 以及向日葵编码 ATPase 亚基的基因和甘蓝型油菜的相关基因。在木豆的 CMS 植株中，由于线粒体基因组重排而产生 *orf* 147 基因，*orf* 147 通过调节花药的异常开裂而导致木豆细胞质雄性不育。

细胞质雄性不育植物的线粒体基因组重排会引起嵌合基因或新的 ORF 表达，表达产物为功能异常的蛋白质，其中大多为会影响线粒体呼吸链反应和绒毡层发育的细胞毒蛋白，如最先被发现的导致细胞质雄性不育玉米的 *T-urf* 13 基因表达的毒蛋白，还有向日葵的 *orf* 522 以及芥菜型油菜 CMS-hau 的 *orf*288、萝卜 CMS-Ogura 的 *orf* 138、水稻 CMS-BT 和 CMS-HL 中的 *orf* 79 等表达的毒蛋白。这些毒蛋白对大肠杆菌或酵母菌有毒性影响，其在花药组织细胞(绒毡层或小孢子细胞)中积累而影响花药发育，进而导致 CMS 发生。

2.1.2.2　RNA 编辑

一些研究表明，RNA 编辑模式的多样性与 CMS 性状有关联。RNA 编辑是导致生成的 mRNA 分子在编码区的核苷酸序列不同于它的 DNA 模板相应序列的过程，除了有在转录本和蛋白质水平上产生变异的作用外，有时这种变化还可能导致线粒体基因的异常表达，从而导致 CMS。在雄性不育高粱品系的花药中，*atp*6 基因的 RNA 编辑的频率明显较低，而在一些恢复后代中则较高。未经编辑的 atp6 亚基转录本与水稻的细胞质雄性不育有关。

大多数 RNA 编辑活动是由一组核基因执行的，这些基因参与线粒体和叶绿体转录本的处理过程。PPR(pentatricopeptide repeat，五肽重复序列) 蛋白是 *Rf* 基因产物中含量最丰富的一种，由串联重复序列基序组成，数量不等。大多数情况下，PPR 蛋白主要定位在线粒体和叶绿体中，在细胞基因组表达中起着重要作用。高粱 *Rf*1 与 PLS-DYW 类 PPR 蛋白相关，高粱 *PPR*13 可能是高粱 *Rf*1 的候选基因，由于 PLS-DYW 类 PPR 蛋白几乎只在 RNA 编辑中发挥作用，高粱 *Rf*1 可能通过编辑 S-*orf* 转录本或其他目前未知的目标 RNA 来恢复花粉育性。

2.1.2.3 线粒体能量缺乏

在植物 CMS 系中,线粒体嵌合基因经表达、RNA 编辑最终翻译成功能异常的蛋白,这些功能异常的蛋白的积累影响线粒体功能,进而影响能量的产生。线粒体自身能量代谢紊乱,而花药发育需要大量能量,紊乱的能量代谢会使得生殖细胞发育直接或间接受到影响,最终出现败育现象。进一步研究表明,与 CMS 有关的嵌合基因大多数与 ATP 合成酶等有关。Palumbo 等人通过比较小茴香可育型和不育型两种类型的线粒体基因组,发现能量缺乏模型可以解释雄性不育花中观察到的花粉缺乏现象,在细胞质雄性不育系 mtDNA 中仅检测到的突变拷贝 $Atp6^-$ 可能代表一个基因,其 mRNA 被翻译成一种功能不全的蛋白质,导致 ATP 合成不理想,仅能保证基本的细胞过程,但不足以满足像花粉发育这样的高能量需求过程。乌日汉等人发现 atpA 基因和 orf 187 片段序列的变异,可能会影响 ATP 合成酶活性及线粒体能量代谢,导致甜菜雄性不育。

2.1.2.4 活性氧与程序性细胞死亡

据报道,和 CMS 有关的蛋白质与核编码的线粒体因子相互作用,通常会伴随活性氧物种(reactive oxygen species, ROS)的增加,进而会诱导绒毡层和小孢子中的异常程序性细胞死亡(programmed cell death, PCD),分别产生孢子体和配子体雄性不育,从而不产生花粉粒。通过对桃子雄性不育株的花药进行调查发现,花药发生 ROS 爆发、主要抗氧化剂含量降低,可能导致小孢子和绒毡层发育异常,进而造成雄性不育。在水稻 CMS-WA(野生败育型细胞质雄性不育系)中,线粒体基因 WA352 编码的蛋白与核编码的线粒体蛋白 COX11 相互作用,导致花药绒毡层异常降解,因此野生败育型细胞质雄性不育系水稻比雄性可育水稻更早触发绒毡层 PCD。红莲 CMS 型水稻中的花粉具有 PCD 表型,其中 ROS 的过量积累导致在减数分裂时就发生了 PCD,从而导致小孢子败育。在车前草的雄性不育花药中,凋亡的 PCD 发生的时间早于可育花药,细胞死亡信号首先被表皮细胞感知和响应,然后通过花药壁传递到内部。PCD 会促进功能性雌雄异株仙人掌的雄性不育,其雌花和雄花的花药中的 PCD 模式在时间和空间上存在差异,在功能上,雄性个体产生了有活力的花粉,正常发育涉及花药壁每一层上的 PCD,这一过程从内层(绒毡层)到外层(表皮)逐渐发生,相反,功能异常的雌性个体因早熟和移位的 PCD 而产生败育花药。

2.1.3 甜菜细胞质雄性不育的遗传学研究

CMS 是利用杂种优势制种的重要农艺性状。以 CMS 为基础的杂交制种技术只需要一个 CMS 系、一个保持系和一个育性恢复系。该杂交技术仍然是维持作物生产力提高的一种有前途的方法。甜菜是利用 CMS 杂交种子生产的代表作物。1945 年,甜菜育种家 Owen 提出甜菜 CMS 是由一个细胞质因子(S)和两个 Rf 隐性基因(x 和 z)控制的,后来,这两个 Rf 分别被分配到染色体Ⅲ和Ⅳ。CMS 系基因型为 S($xxzz$),此时甜菜是完全不育的。因为 CMS 植株不能自花授粉,为了繁殖不育系,需要一个与不育系具有相同核基因型(即没有任何显性 Rf)的特殊花粉亲本,所以选育了不含恢复等位基因但细胞质正常可育以保证花粉产生的 O 型系(保持系),基因型为 N($xxzz$)。目前我国主要种植糖用甜菜,使用甜菜根来制糖,更侧重于甜菜根这个营养器官的生长和发育,所以在甜菜 CMS 三系中不关注恢复系,只关注授粉系。授粉系的细胞质可以是 N 型也可以是 S 型,只要在育种使用中有花粉即可。

但甜菜 CMS 的表达有时过于复杂,Owen 假说存在不足。1965 年,Bliss 在杂交试验的后代中发现了不育Ⅰ型(半不育)和不育Ⅱ型(半可育),修正了 Owen 提出的假说,不育Ⅰ型的基因型为 S($xxZz$)、S($xxZZ$),不育Ⅱ型的基因型为 S($Xxzz$)、S($XXzz$),他认为甜菜雄性不育的恢复由 X 显性基因控制,半不育由 X 基因的下位基因 Z 控制。在 N 型细胞质中,X 和 Z 这两个基因是完全雄性可育的。

现在 Owen 遗传模型被普遍接受,但一些研究人员在他们的基因分析中观察到了生育恢复的复杂分离,以至于在他们的遗传模型中加入了额外的遗传因素来解释他们的观察结果。比如,Hogaboam 假设了一个修饰基因 Sh(缩小的花药)可以加强 Rf 的作用,在他的遗传模型中,Rf 与控制种子中胚胎数量的基因(M)相关联,他假设 Rf 是 X。目前,M 位点被定位到染色体Ⅳ。但是 Arakawa 等人却认为 Hogaboam 提到的 Rf 很可能是 Z。Hjerdin-panagoupoulos 等人检测到位于染色体Ⅳ上育性恢复的两个连锁数量性状基因座(QTL),之后 Honma 等人通过试验确认了 $Rf2$ 分子标记的可行性,认为 $Rf2$ 可能是 Z 的等位基因,但 $Rf2$

在维持基因型选择方面的作用尚未阐明。

X 基因位于染色体Ⅲ上，X 的一个等位基因被克隆为 $Rf1$，其产物是一种类似金属蛋白酶 OMA1 的蛋白质。Moritani 等人研究了日本甜菜品系中 $Rf1$ 的分子变异，发现恢复系往往表现出金属蛋白酶基因的拷贝数变异。在许多保持系中，类金属蛋白酶基因不是聚集在一起的，而是以单拷贝形式存在的，其中相同的类金属蛋白酶变异是作为一个不可恢复等位基因共享的，称为 $bvORF20L$。

2.1.4 甜菜的育性鉴定

2.1.4.1 利用形态学调查法鉴定甜菜育性

植物的细胞质雄性不育通常表现为雄蕊不能产生正常的花粉、花粉败育，但雌蕊功能正常，二者有显著差异。所以，我们可以利用雄性败育的特点，通过形态学等方法观察花粉鉴定育性。柴军琳等人通过观察一种普通小麦的花粉粒形态和 I_2–KI 染色反应来判断花粉育性，鉴定其不育类型。程圆对乌菜不育系 12–14A 和保持系 12–14B 进行花器官形态调查、花药石蜡切片观察等，分析花药败育的时期和方式，通过观察发现，乌菜不育系花器官和保持系花器官之间是有显著性差异的。

Moritani 等人完善了对甜菜的花药颜色、花药开裂情况和开花期间花粉粒产生情况的分类。可以通过对花药特性的形态学观察来完成甜菜单株雄性育性的表型鉴定。刘一珺使用分子标记技术与形态学鉴定相结合的方法对甜菜的育性基因型进行了鉴定，观察甜菜花型及花粉染色情况，发现保持系甜菜的花药为黄色，花粉饱满且能被染色，可以与不育系区分。贾敢敢对抽薹开花甜菜花粉出粉情况进行田间性状调查分析，并对有粉植株进行 VNTR 分子标记鉴定，从中获得的甜菜拟选为不育系中的 S 型胞质有粉材料。

2.1.4.2 利用分子标记技术鉴定甜菜育性

在现代分子生物学技术的不断发展中，研究人员不断地试验并发现了新的分子标记辅助选择方法。在分子水平上快速、真实地了解单个生物的遗传构成，能够为基因型的直接采集和分子育种提供前提。在传统方法中，一般通过形态学和生理生化性状挑选出母本和子代,但是这种方法浪费时间和精力,而且表型性状易受客观条件影响,准确性较差。分子标记技术通过检测个体间DNA 序列的差异来识别和追踪生物分子的特征,因为分子标记技术在遗传学领域具有广泛的应用价值,因此分子标记辅助育种可用于获取具有多种功能基因的个体。该技术不被植物发育阶段或外部条件限制,会显著缩短育种的周期,并且大大提高了性状选取效率和严谨性。

在这种 CMS 三系配套的杂交育种方法中,由于不育系是保持系与所选不育系杂交再反复回交而产生的,所以保持系基因型的鉴定是极其重要的。然而,甜菜中的保持系基因型比较罕见,这也增加了保持系选择的难度。

对甜菜的保持系选育通常采用鉴定法:将不育株和拟鉴定株配对套袋育种,接着根据其 F_1 后代不育植株的育性推测拟鉴定株的保持能力是否存在。但使用此鉴定法正确判断往往需要耗时 4~6 年,这种方法存在着时间跨度较大的弊端。后来程大友等人利用一年生多胚不育系甜菜鉴定选育二年生单胚或多胚保持系,对甜菜保持系的鉴定仅仅花费了 13~16 个月的时间。即便如此,如何提高甜菜不育系和保持系的鉴定和选育效率仍是甜菜研究领域的重点。

随着分子标记技术的不断发展,鉴定甜菜育性的研究也逐渐成熟起来。Nishizawa 等人在研究甜菜线粒体基因组时发现了基因组可变数目串联重复序列(variable number of tandem repeats,VNTR)具有多态性,并且在甜菜线粒体基因组中发现了 4 个没有任何相关性的串联重复序列位点(TR1、TR2、TR3 和TR4),而其中 TR1 的串联重复序列具备的多态性最高,并且它的串联重复序列的数量为 2~13 个不等。可以通过作用于甜菜线粒体 VNTR 位点进行甜菜细胞质的育性鉴定。程大友等人通过研究我国甜菜种质资源发现,不同细胞质的育性类型的小卫星序列拷贝数具有多态性,其中 TR1 片段包括了 4 个 Owen 不育型细胞质的拷贝数和 13 个保持系型细胞质的拷贝数。王有昭也用这种方法检测了甜菜主要品系,并首次在叶用甜菜中发现了 1 种特殊类型的细胞质,其TR1 片段拷贝数为 10 个。其余试验结果与程大友的结果一致,经过实验测序发现,保持系和不育系 TR1 的扩增条带大小分别略低于 750 bp 和 500 bp。因此,以保持系和不育系作为对照材料进行 PCR 扩增,可以比较条带带型大小来判断甜菜细胞质的类型。

在对细胞核基因的鉴定中,Taguchi 等人通过限制的多态性区域改善了之前 Moritani 开发的两个 *Rf*1 标记物中的一个(17-20L),并且将 *bvORF*17 的上游区域(1.8 kbp 长度)确定为多态性区域,这个区域是 PCR 扩增引物 s17 中的目标区域。他们在鉴定中,对不同糖用甜菜植株的 PCR 靶区进行序列分析,研究结果显示了 5 种不同的核苷酸序列,其中的差异可以通过使用限制性内切酶 *Hap* Ⅱ 和 *Hind* Ⅲ 对 PCR 产物进行双酶切,从而对比出不同的甜菜细胞核类型。

Arakawa 等人于 2018 年利用 s17 和 o7 这两个与甜菜 *Rf* 连锁的 DNA 标记对甜菜品种 Fukkoku-ouba 进行遗传分析,认为育性恢复能力与 o7 有关,o7 是与染色体Ⅳ上的 *Rf*2 相关的 DNA 标记之一。Fukkoku-ouba 的另一个 *Rf* 位点(即染色体Ⅲ上的 *Rf*1)似乎被一个非恢复等位基因占据。

2.1.5　研究的目的及意义

甜菜是一种典型的二年生异花授粉作物。它具有雌雄同体、花器较小、花序为无限花序的特点,这使得人工去雄和生产三系杂交种更加困难。因此,国内外甜菜育种工作者的研究重点是雄性不育系和保持系的鉴定及育种。而我国主要投入生产的甜菜品种大多数是从国外引进的,这些品种的育性组成情况不确定。

本章的主要研究目的:一是利用分子标记技术鉴定甜菜的育性,并结合田间形态学观察,实现利用分子标记技术快速鉴定甜菜品种育性的目的;二是了解国内外甜菜品种的育性组成情况,以便为我国选育甜菜品种提供思路,同时也为如何从国外甜菜品种中选择育种材料提供参考。

本章利用分子标记技术结合田间形态学调查,对现有的 109 个甜菜登记品种进行育性鉴定,将分子标记技术与常规育种技术紧密结合,在甜菜营养阶段就可以快速鉴定甜菜品种的育性,显著提高育种选择工作的准确性和效率。将来可以利用国外的优良甜菜品种作为育种亲本,国外优良甜菜品种的应用将极大地促进我国甜菜育种的发展,提高甜菜产量和含糖率,为我国甜菜产业的发展提供思路。

2.1.6　主要研究内容

为了更好地了解国内外甜菜品种的细胞质和细胞核组成,本章以现有的

109 个国内外甜菜登记品种的基因组 DNA 为模板,利用已开发的作用于甜菜线粒体 VNTR 位点的小卫星分子标记引物 TR1,结合与 *Rf*1 位点相关联的 s17 分子标记以及与 *Rf*2 位点相关联的 o7 分子标记进行鉴定。本章利用了分子标记技术结合形态学田间花粉育性调查,成功达到了运用分子标记技术在甜菜营养阶段就可以迅速鉴定甜菜品种育性的目的,并研究目前国内外甜菜品种细胞质和细胞核的育性基因型的组成情况,为我国的甜菜育种提供思路。

2.1.7　技术路线

本章分为两个部分来鉴定 109 个甜菜品种的育性:第一部分为分子标记技术鉴定,通过 TR1、s17 和 o7 引物进行 PCR 扩增并进行 1% 的琼脂糖凝胶电泳,用以检测条带类型;第二部分为田间形态学鉴定,通过花药开裂情况、颜色等进行田间甜菜品种的育性鉴定。最后将两者结合,完成甜菜品种育性的快速鉴定,并分析甜菜品种的育性组成情况。本章的技术路线图如图 2-1 所示。

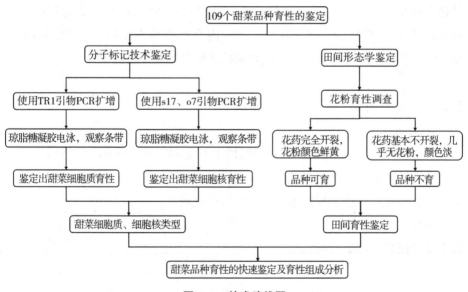

图 2-1　技术路线图

2.2 材料与方法

2.2.1 试验地概况

选择黑龙江省哈尔滨市黑龙江大学呼兰校区的试验基地作为试验地。试验地的土质以肥沃的黑土为主。呼兰校区所在地的气候类型为北温带大陆性季风气候,日照充足,雨热同期,昼夜温差较大。研究表明,近年来,该地区的年平均气温为 3.3 ℃,年平均降水量为 500 mm,年平均日照百分率高达 61%。

2.2.2 试验材料

本次试验所使用的试验材料为 109 个国内外甜菜登记品种及 1 对自主培育的甜菜 Owen 型不育系和保持系品种,共 111 份材料。109 个国内外甜菜登记品种中有 95 个为国外育种公司培育的,占比约为 87%,其余 14 个为新疆农业科学院经济作物研究所、黑龙江大学等国内自育的地方品种,占比约为 13%。这 109 个甜菜品种的种子均由全国农业技术推广服务中心提供。

2.2.3 试验引物

本次试验中所使用的引物有 3 种:用于鉴定细胞质育性的 TR1 引物、鉴定细胞核育性的 s17 引物(T1、T2)及 o7 引物。引物序列及来源如表 2-1 所示。引物由上海生工生物工程技术服务有限公司合成。

2.2.4 试验试剂

试验采用的主要试剂有:2×CTAB 提取缓冲液、琼脂糖粉、PCR mix、M5 Hiper 超光速 mix 直接扩增最佳伴侣、氯仿/异戊醇、异丙醇、*Hap* Ⅱ(1053A)、*Hind* Ⅲ(1060S)、TIANgel Midi Purification Kit。

表 2-1　试验中使用的引物

引物名称	标记类型①	PCR 引物的核苷酸序列	限制性内切酶②
TR1	VNTR	5′-AGAACTTCGATAGGCGAGAGG-3′	——
		5′-GCAATTTTCAGGGCATGAACC-3′	
s17	CAPS	5′-CAATCTGTGGTGCTGACCAAA-3′	*Hap* Ⅱ, *Hind* Ⅲ
		5′-GATTAAAGAGGGCTGCTGAAGCCGAGA-3′	
o7	DFLP	5′-CTAAGAAATACTTCATCCCATGTCCTGC-3′	——
		5′-TGACCAAGATCCCAAGATTTGATATGG-3′	

注:①VNTR,可变数目串联重复序列;CAPS,酶切扩增多态性序列;DFLP,DNA 片段长度多态性序列;

②用于检测多态性的限制性内切酶。

2.2.5　试验仪器

试验主要仪器如表 2-2 所示。

表 2-2　试验主要仪器

仪器名称	型号
冷冻混合球磨仪	MM400
高速冷冻离心机	Thermo BIOFUGE STRATOS
梯度 PCR 仪	Veriti 96-Well Thermal Cycler
超微量紫外可见分光光度计	NanoDrop 2000/2000c
电泳仪	BIORAD PowerPac 300
琼脂糖水平电泳槽	DYCP-31DN

续表

仪器名称	型号
水平电泳槽	JY-SPAT
凝胶成像仪	BIORAD
电子分析天平	—
微波炉	—
制冰机	SIM-F124

2.2.6　试验方法

2.2.6.1　甜菜品种的种植及 DNA 提取

(1)种植甜菜品种

甜菜品种种植于黑龙江大学呼兰校区试验地中,田间水肥管理正常进行。有部分缺苗或发芽率较低的品种,则在黑龙江大学现代农业与生态环境学院的恒温光培室中补种。选择含肥量高、渗透性强的优质土壤放入塑料盆中,随后随机选择多个甜菜品种并取每个品种的种子 30 粒左右(发芽率较低的品种可适当增加种子数量或种植多盆),在保证空隙的情况下均匀播种甜菜种子(同一盆中播种同一甜菜品种的种子),在种子上面覆土 3 cm 后浇足够的水,然后即可放入光培室中培养,注意浇水的频率并保证充足的光照。光培室的光照须达到 8 h 以上,待盆内表面土干透时再次浇水,直至浇透全部土壤,频率大概 2 d 一次即可,不能浇水过多,浇水过多会导致土壤积水严重,在过于潮湿的环境下幼苗易得立枯病。

待大部分种子发芽后即可浇营养液给予幼苗充足的营养,以便甜菜快速长出真叶并用于试验。待长出 1 对真叶时即可采集其嫩叶用于 DNA 提取。

(2)裂解液法提取甜菜 DNA

采用裂解液法对甜菜品种的嫩叶进行 DNA 提取:

①将裂解液放入 37 ℃的金属浴锅中加热 5 min 左右,直至沉淀溶解且溶液变得澄清;

16

②在 1.5 mL 离心管中,加入 20 μL 澄清的裂解液;

③每个品种剪取 12 个单株叶片的幼叶组织(2 mm² 左右),将幼叶组织放入预先准备好的已经加入裂解液的离心管中;

④用研磨杵将幼叶组织迅速研磨碎,直至液体变绿、无较大叶片组织;

⑤将装有研磨好幼叶组织的离心管放入 95 ℃金属浴锅中,加热 5 min;

⑥将加热过后的离心管放入离心机,转速 12 000 r/min,离心 2 min;

⑦离心后取嫩绿色的上清液,即为甜菜基因组的 DNA。

(3)CTAB 法提取甜菜 DNA

采用改良的 CTAB 法对甜菜品种的嫩叶进行 DNA 提取:

①用剪子剪下幼苗的 1 对真叶并装入 2 mL 离心管中,装至二分之一到三分之二处即可,再往离心管内放 1 颗钢珠,并在管盖上写好序号,采用单株单管的方式单独取样,每个品种取 15 个单株,以防取样过程中损耗或提取失败,样品数量若不够则将该样品序号记录下来,后期重新播种再次取样;

②将每个样品的单株组织装入离心管内,把离心管放入液氮中冷却 2 min,直至液氮桶内不发出声音即可,冷冻完成后将离心管取出,快速装入冷冻混合球磨仪,以 30 r/s 振荡 90 s(振荡时间视样品量情况而定);

③振荡后确认样本已基本打碎成粉末(如未打碎则再次用液氮冷冻,重新研磨),小心地倒出钢珠,快速加入 1 000 μL 的 1×CTAB 缓冲液,避免温度回升后 DNA 降解;

④上下摇匀使植株样本全部浸泡在 CTAB 缓冲液中,在 65 ℃的金属浴锅或水浴锅中加热 1 h,加热过程中注意摇匀,避免样本粘在管盖上;

⑤放置在恒温 4 ℃的冰箱内或始终保持在 15 ℃以下的室内;

⑥加入 24∶1 的氯仿/异戊醇的混合溶液 500 μL,将管内溶液充分摇匀,确保管内样本与其充分混合,静置 5 min;

⑦静置后放入高速离心机,转速 12 000 r/min,离心 10 min;

⑧取 700 μL 上清液,加入新的 1.5 mL 离心管中,并在管盖上标好序号,取上清液时要尽量靠近液面的上方,不能低于沉淀物的倾斜面,缓慢匀速吸液,以防吸入沉淀;

⑨向上清液中加入 700 μL 异丙醇,上下颠倒混匀,放入 4 ℃冰箱中冷却30 min 以上;

⑩冷却后放入离心机,转速 12 000 r/min,离心 10 min,弃掉上清液,注意管底白色固体不要倒出;

⑪加入 150 μL 无水乙醇,润湿并洗涤后倒出乙醇;

⑫打开离心管管盖,将离心管置于室温下使乙醇挥发,或将其放入 37 ℃ 的金属浴锅中加速挥发;

⑬确保乙醇挥发干净后,向离心管中加入 100 μL TE 缓冲液,然后将其置于 37 ℃ 金属浴锅中溶解 DNA。

（4）DNA 的浓度及纯度测定

第一步,对提取的甜菜基因组 DNA 进行浓度及纯度的测定,测定时使用了 NanoDrop 2000 型超微量紫外可见分光光度计。首先喷洒 75% 的无水乙醇对紫外可见分光光度计测量孔进行擦拭清理,然后吸取 1 μL TE 缓冲液对紫外可见分光光度计测量值进行归零处理,做完以上处理后,吸取 1 μL DNA 原液滴于测量孔上,测量 DNA 原液浓度及 OD_{260}/OD_{280} 比值,该比值为 1.8 ~ 2.0 为宜。检测后,把所测得的浓度写在管壁上,并放于 -20 ℃ 的冰箱中长期保存。

第二步,配制 1% 的琼脂糖凝胶。在 250 mL 的烧杯中加入 1 g 琼脂糖粉,加入 1×TAE 溶液定容至 100 mL。将烧杯放入微波炉加热 2 min 左右,直至溶液清澈透明,无浑浊絮状物。然后将烧杯取出并冷却至 60 ℃,加入 5 μL G-red 核酸染料,将烧杯放在试验台上匀速摇晃至染料颜色均匀。把模具梳齿插好后匀速倒入琼脂糖凝胶液(避免出现气泡),倒至梳齿三分之一高度即可,等待 30 min 至凝胶冷却凝固。凝固后向上垂直轻拔,取下梳齿。把凝胶放入装有 1×TAE 缓冲液的电泳槽中(缓冲液淹没琼脂糖凝胶点样孔即可)。电泳体系总共为 5 μL,先吸取 2 μL 的 ddH_2O(双蒸水)和 2 μL 的 DNA 母液,再加入 1 μL 的 10×Loading Buffer,抽吸混匀后点样。之后,在 130 V 电压下电泳 30 min。电泳完成后,将凝胶放入凝胶成像仪进行条带观察。

将检测合格的 DNA 原液用 TE 缓冲液稀释为 100 ng/μL,再将稀释液放于 4 ℃ 冰箱中恒温冷藏保存,便于随时取用。母液放于 -20 ℃ 冰箱中冷冻并长期保存。

2.2.6.2 PCR 扩增

试验采用 10 μL 的 PCR 扩增体系,包含 5 μL 的超光速 mix,0.4 μL 的上下游引物,3.6 μL 的 ddH$_2$O,以及 1 μL 的基因组 DNA。PCR 扩增条件如表 2-3 所示。

表 2-3　甜菜细胞质和细胞核基因型检验的 PCR 扩增条件

步骤	温度/℃	时间	循环
预变性	95	3 min	1 次
变性	94	25 s	
退火	60	25 s	28 次
延伸	72	2 min	
终延伸	72	5 min	1 次
保温	4	∞	

2.2.6.3　双重 PCR 扩增

为了提升试验效率,试验通过双重 PCR 扩增查看能否成功跑出条带。因为与 *Rf*1 位点相关的引物 s17 扩增的条带大小有 1.3 kbp、1.8 kbp、1.3/1.8 kbp 三种类型,有的需要用限制性内切酶 *Hap* Ⅱ 和 *Hind* Ⅲ 进行酶切,所以最好进行单重 PCR 反应。

试验时使用的鉴定细胞质基因型的引物 TR1 扩增的条带大小略小于 500 bp 和 750 bp,鉴定细胞核基因型的引物 o7 扩增的条带大小有 1.3 kbp 和 1.8 kbp 两种,两种引物扩增的条带大小有一定差距,若同时进行琼脂糖凝胶电泳检测可以很容易地分辨出两种引物,不会影响判断结果。因此,可以考虑将 TR1 和 o7 两对引物放入同一 PCR 体系中进行扩增,可以同时扩增出多个核酸片段。另外,两对引物的退火温度相同。与单重 PCR 相比,反应体系中 72 ℃ 延伸时间由 2 min 延长为 3 min,其余条件不变。TR1 引物扩增的条带更亮一点,所以引物 TR1 可以在 PCR 扩增体系中适当少加一点。PCR 扩增体系为 10 μL,其中包括 5 μL 的超光速 mix,3.5 μL 的 ddH$_2$O,0.3 μL 的 o7 引物和 0.2 μL 的 TR1 引物,还有 1 μL 的基因组 DNA。

2.2.6.4　1%的琼脂糖凝胶电泳检测条带

制备1%的琼脂糖凝胶,每100 μL的琼脂糖凝胶中加入5 μL的G-Red荧光核酸染料。在每组鉴定育性的甜菜品种DNA模板中加入自主培育的不育系(WZD-5CMS)与保持系(WZD-5O)DNA作为对照组进行PCR扩增。吸取5 μL的PCR产物进行点样,而后在130 V电压下电泳35 min。电泳结束后将PCR产物放入凝胶成像仪观察条带。

2.2.6.5　与 *Rf*1 位点相关的酶切验证方法

与甜菜细胞核有关的 *Rf*1 位点的分子标记条带大小若是1.8 kbp,则需要对PCR产物进行酶切,从而进一步鉴定其育性。参照试剂说明书,试验中所使用的限制性内切酶 *Hap*Ⅱ 和 *Hind*Ⅲ 应分别配合10×L Buffer与10×M Buffer缓冲液使用,分步进行酶切。但通过查阅厂家提供的双酶切反应时使用的通用缓冲液使用表和限制性内切酶活性表得知,当使用 *Hap*Ⅱ 和 *Hind*Ⅲ 进行双酶切时,推荐使用的缓冲液是M Buffer。L Buffer与M Buffer两种缓冲液的成分含量几乎相同,唯一的区别就是L Buffer中无NaCl。由于使用M Buffer缓冲液进行酶切反应对试验结果无影响,因此本试验的酶切体系中添加的缓冲液是M Buffer。

酶切反应体系为10 μL,其中包括5 μL的PCR产物,0.25 μL的 *Hap*Ⅱ,0.25 μL的 *Hind*Ⅲ,2 μL的10×M Buffer,2.5 μL的ddH$_2$O。PCR酶切条件为温度37 ℃、反应3 h。制备1%的琼脂糖凝胶,需要在130 V电压下电泳30 min,电泳结束后利用凝胶成像仪观察条带,检测其酶切结果。

为了查看未切胶回收的PCR产物直接进行酶切对试验结果是否造成影响,试验选择了部分甜菜品种的DNA(CTAB法提取),使用s17引物对DNA模板进行PCR扩增,并通过1%的琼脂糖凝胶电泳检测条带。之后使用TIANgel Midi Purification Kit琼脂糖凝胶DNA回收试剂盒,通过切胶回收、水浴溶解凝胶、离心、洗脱等步骤,将1.8 kbp的目的片段回收。回收后通过电泳试验,确定DNA片段的完整性。验证后将切胶回收的片段与未切胶回收的片段同时进行酶切反应,酶切后进行1%的琼脂糖凝胶电泳检测,观察条带。

2.2.6.6　形态学调查

甜菜作为典型的二年生作物,必须经过春化处理和长日照诱导,才能保证抽薹开花,完成生殖生长过程。春化处理是因为植物必须经历一段长期稳定的低温处理,才能从营养生长转变为生殖生长。

将甜菜品种播种在试验基地内,于 10 月初收获母根后,每个品种挑选 20 个根形饱满、无须根的健壮母根进行修削。收获母根时,注意不可选用腐烂和萎蔫的块根,因为腐烂和萎蔫的块根的呼吸强度比正常母根大,放入地窖内贮藏将会致使窖内温度升高,容易浸染真菌和细菌。母根收获后放入 2~4 ℃的低温地窖中贮藏以进行春化,来年 4 月中旬移植至户外试验地中,种植阶段每日有 15~16 h 的长日照。等待甜菜抽薹后,每株有 10 朵以上的花开放后,仔细评估甜菜的花药颜色及花粉粒特性,调查花粉育性情况。

2.2.6.7 数据分析

相关数据的统计分析使用 IBM SPSS Statistics 24.0 软件进行 Fisher 精确检验。

2.3 结果与分析

2.3.1 甜菜品种育性基因型的鉴定

2.3.1.1 双重 PCR 鉴定结果

试验选取已提取 DNA 的甜菜品种 SV1588,利用 TR1 和 o7 两对引物进行双重 PCR 扩增,扩增结果如图 2-2 所示。从结果中可以看出,引物 TR1 对甜菜品种 SV1588 扩增的条带大小为 500 bp,引物 o7 的扩增条带为 1.4 kbp 和 1.8 kbp 杂合。结果表明,采用这两对引物进行双重 PCR 扩增均能扩增出清晰条带。

图 2-2　甜菜品种 SV1588 的双重 PCR 扩增结果

注:M,500 bp DNA Ladder;泳道 1~10 为甜菜品种 SV1588 的 10 个单株。

2.3.1.2　甜菜品种的细胞质育性鉴定结果分析

通过对 109 个甜菜登记品种的细胞质基因型进行鉴定,可得知 TR1 引物扩增出来的条带主要有 500 bp 和 750 bp,即细胞质可分为 S 型细胞质(细胞质不可育类型)和 N 型细胞质(细胞质可育类型)两类。对照组中自主培育的 WZD-5CMS 不育系扩增的条带为 500 bp,WZD-5O 保持系扩增的条带大小为 750 bp 左右。所鉴定的甜菜登记品种的扩增条带大多是 500 bp,只有新甜 15 号、ZT6 和甜研 312 这 3 个甜菜品种的扩增条带是杂合的,条带既有 500 bp 的也有 750 bp 的。而这 3 个品种都是我国自主培育的多胚种。

图 2-3 是甜菜品种中部分品种的 PCR 扩增的电泳结果。在每个品种前用标准的成对不育系(WZD-5CMS 自交系)和保持系(WZD-5O 自交系)作为对照组,依据对照组的条带大小可以看出 KUHN814 甜菜品种的 1~10 号扩增出的条带为一致的 500 bp,与不育系的条带一致,则可以认为该品种的细胞质都是 S 型的。新甜 15 号甜菜品种的 1~10 号扩增出的条带既有 500 bp 的也有 750 bp 的,则该品种内的细胞质育性类型是杂合的,既有 S 型的也有 N 型的。

所鉴定的供试材料中细胞质类型为 S 型细胞质的所占比例为 97.2%,细胞质类型是杂合的,既有 N 型又有 S 型细胞质的所占比例为 2.8%。由此可得,试验所使用的甜菜登记品种中大部分品种都具有纯合的 S 型细胞质,并且只有新甜 15 号、ZT6 和甜研 312 这 3 个品种的细胞质育性类型是杂合的。

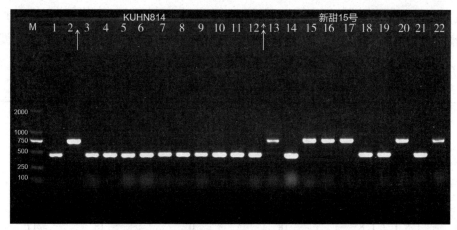

图 2-3　部分甜菜品种的细胞质类型鉴定结果

注:M,DL2000 DNA Ladder;泳道 1~2 为 CMS 系和 O 系对照组;3~12 为品种 KUHN814 的
　　扩增结果;13~22 为品种新甜 15 号的扩增结果。

2.3.1.3　甜菜品种核基因组育性鉴定的相关分子标记

（1）与 *Rf*1 位点相关的分子标记

甜菜细胞核上有两个育性恢复基因,即 *Rf*1 与 *Rf*2。根据 Taguchi 等人的研究,首先检测甜菜登记品种的 *Rf*1 基因座的等位基因类型,使用与 *Rf*1 位点相关联的分子标记 s17 引物进行扩增,这是一种切割扩增的多态序列标记（共显性）,位于 *orf* 20-like 基因簇下游约 4 kbp 处。

对于选取的 109 个甜菜品种的 DNA 模板,使用与 *Rf*1 位点相关联的分子标记 s17 引物进行扩增,扩增出的条带有 1.8 kbp、1.3 kbp、1.3/1.8 kbp（既有 1.3 kbp 条带也有 1.8 kbp 条带）3 种。但是同一个品种的不同单株 DNA 的 s17 引物扩增结果出现了部分条带不一致的情况。其中扩增条带为纯合 1.8 kbp 的品种有 79 个,细胞质为 S、N 杂合型的品种 s17 引物分子标记扩增条带都是 1.8 kbp 的。条带为纯合的 1.3/1.8 kbp 的品种有 11 个,条带为 1.8 kbp、

1.3/1.8 kbp 杂合(既有 1.8 kbp 的,也有 1.3/1.8 kbp 的)的品种有 18 个,条带为 1.3 kbp、1.8 kbp、1.3/1.8 kbp 杂合的品种有 1 个。扩增条带为 1.8 kbp 的品种占比最高,约为 72%(如表 2-4 所示)。部分甜菜品种的 s17 引物扩增结果如图 2-4 所示。品种 HI0936 和 BETA176 的扩增条带为纯合的,大小都是 1.8 kbp,而品种 SS1532 的扩增条带除了 1.8 kbp 外,还有一个单株 DNA 的扩增条带为 1.3/1.8 kbp,所以品种 SS1532 的条带是杂合的。

表 2-4　甜菜品种的 s17 分子标记扩增结果统计

s17 扩增条带大小/kbp	细胞质为 S 型品种数/个	细胞质为 S、N 杂合型品种数/个	品种总数/个	百分比/%
1.8	76	3	79	72
1.3/1.8	11	0	11	10
1.8、1.3/1.8	18	0	18	17
1.3、1.8、1.3/1.8	1	0	1	1
总计	106	3	109	100

注:表中百分比为四舍五入结果。

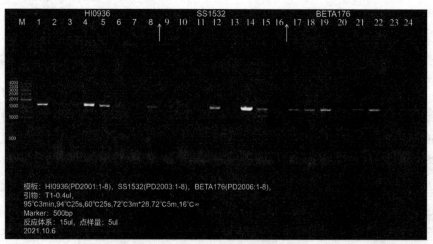

图 2-4　部分甜菜品种的 s17 引物分子标记鉴定结果

注:M,500 bp DNA Ladder;泳道 1~8 为品种 HI0936 的扩增结果,9~16 为品种 SS1532 的扩增结果,17~24 为品种 BETA176 的扩增结果。

（2）与 *Rf*1 位点相关的酶切验证

根据 Taguchi 等人的研究，s17 分子标记的扩增产物利用 *Hap* Ⅱ 和 *Hind* Ⅲ 进行双酶切后会产生五种条带模式，据酶切后产生的片段大小及模式将它们命名为模式 1 到模式 5，如表 2-5 所示。2007 年，Arakawa 等人对日本叶用甜菜品系 Fukkoku-ouba 进行研究时发现，酶切后不止存在单一模式，还会有杂合的酶切类型产生，TA33BB-CMS×Fukkoku-ouba 的 #2 型花粉的后代 F_1 植株酶切后产生的均为 1.7 kbp、1.0 kbp 和 0.7 kbp 的条带，即模式 4 和模式 5 的杂合型，此时花粉既有可育的也有不育的，所以模式 4/5 与植株的雄性育性无关。同时，TA33BB-CMS 的酶切后产生的为 1.0 kbp 和 0.7 kbp 的条带，因此，1.7 kbp 的条带很可能来源于花粉亲本 Fukkoku-ouba 的 #2 型花粉。

当酶切结果出现两种或两种以上的模式时，即为杂合模式。在我们利用 s17 引物进行 PCR 扩增，且扩增条带为 1.3 kbp 时，因为 1.3 kbp 条带缺乏 *Hap* Ⅱ 和 *Hind* Ⅲ酶切位点，因此在不进行酶切的情况下其对应的模式为 3/3。同时，当扩增条带为 1.3/1.8 kbp 时，其酶切结果为模式 3/4。因为其中的 1.3 kbp 的条带酶切后会产生模式 3，因此 1.8 kbp 的条带酶切后对应产生的是模式 4，这一点与石好琪的研究结果一致。因此，如果 s17 分子标记扩增出一个 1.8 kbp 的条带，就必须进行双酶切以确定模式。若品种内出现 1.8 kbp 与 1.3/1.8 kbp 杂合的情况，则选取 1.8 kbp 的条带进行酶切验证。如图 2-5 所示，WZD-5CMS 自交系和 WZD-5O 自交系酶切后模式为纯合的模式 4/4，并且产生具有 1.0 kbp 和 0.7 kbp 条带的电泳模式。

表 2-5　s17 分子标记的扩增产物酶切后产生的条带模式及片段大小

酶切后条带模式	酶切后片段大小/kbp	限制性内切酶
模式 1	1.0 和 0.8	
模式 2	1.2 和 0.5	
模式 3	1.3	*Hap* Ⅱ，*Hind* Ⅲ
模式 4	1.0 和 0.7	
模式 5	1.7	

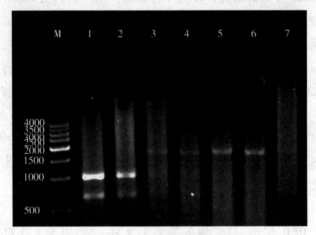

图 2-5 部分甜菜品种的酶切结果

注:M,500 bp DNA Ladder;泳道 1~2 为甜菜 WZD-5CMS 自交系和 WZD-5O 自交系的
酶切结果,泳道 3~7 为随机甜菜品种的酶切结果。

由图 2-6 可以看出,对未切胶回收片段与已切胶回收片段进行 *Hap* Ⅱ 和
Hind Ⅲ 双酶切的结果并无显著差别。只有品种 IM1162,在对未切胶回收片段进
行酶切时,有一条约 3.5 kbp 的虚带,而已切胶回收片段的酶切结果只有干净的
三条带,为模式 4/5。其余品种回收前后酶切结果一致,仅仅是切胶回收后再进
行酶切的条带更加干净清晰,无虚带和拖尾等情况,但是从酶切结果来看,并无
差别。在之后的酶切试验中,为了节约时间、提高效率,可以直接对 PCR 产物
进行酶切。

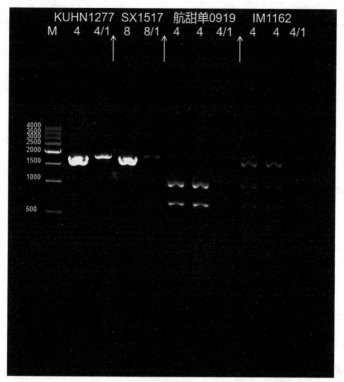

图 2-6　部分甜菜品种的未切胶回收片段与已切胶回收片段的酶切结果对比

针对 109 个甜菜品种的 DNA 模板,其中使用与 *Rf*1 位点相关联的分子标记 s17 引物进行扩增的条带为纯合的 1.3/1.8 kbp 的品种有 11 个,这 11 个品种不进行酶切,其余 98 个品种的酶切模式如表 2-6 所示。酶切后模式为 4/5、5/5 的杂合型(品种内不同单株有的模式为 4/5,有的模式为 5/5)的品种最多,占比约为 31%,其次就是模式为 4/5 的品种,占比 24% 左右。酶切后模式为 4/4 的品种只有 12 个,即 *Rf*1 位点的基因型是双隐性的品种有 12 个。

表 2-6　s17 分子标记中条带为 1.8 kbp 的 98 个品种的扩增产物酶切情况

酶切后模式	细胞质为 S 型品种数/个	细胞质为 S、N 杂合型品种数/个	品种总数/个	百分比/%
4/4	12	0	12	12

续表

酶切后模式	细胞质为S型品种数/个	细胞质为S、N杂合型品种数/个	品种总数/个	百分比/%
4/5	24	0	24	25
5/5	15	1	16	16
4/5、5/5 杂合	30	1	31	32
4/4、4/5 杂合	6	0	6	6
4/4、4/5、5/5 杂合	4	0	4	4
4/4、5/5 杂合	2	1	3	3
未酶切成功	2	0	2	2
总计	95	3	98	100

注:表中百分比为四舍五入结果。

（3）与 $Rf2$ 位点相关的分子标记

使用 o7 引物对甜菜品种 DNA 进行与 $Rf2$ 位点相关的分子标记。尽管 $Rf2$ 在遗传学上是一个小的育性恢复基因,不能发挥与 $Rf1$ 同样重要的作用,但它是一个可以标记不是保持系的基因,在测交子代部分可育株型检测时很容易由育种者识别。所以,鉴定 $Rf2$ 位点对甜菜育种也具有一定意义。

Arakawa 等人在使用 o7 引物对 CMS 系与 Fukkoku-ouba 的 #2 型花粉杂交后代进行育性鉴定时,得到了 2.6 kbp 和 2.6/1.4 kbp 这 2 种条带类型。当细胞质为 S 型,o7 引物扩增条带为 2.6 kbp 时,该株为不育型;条带为 2.6/1.4 kbp 时,该株为可育型。石好琪在用 o7 分子标记对 4 个多胚授粉系进行扩增时得出 6 种条带类型,分别为 1.4 kbp、2.6 kbp、2.6/1.4 kbp、1.8/1.4 kbp、2.6/1.8 kbp 和 2.6/1.8/1.4 kbp。

据本次试验数据可知,甜菜品种的 o7 分子标记扩增条带类型有 1.4 kbp、1.8 kbp、2.6 kbp、1.8/1.4 kbp、2.6/1.4 kbp、2.6/1.8 kbp 这 6 种,其中 1.8 kbp 在以往扩增结果中不曾出现,o7 分子标记扩增结果如图 2-7 所示。甜菜品种的 o7 分子标记扩增结果如表 2-7 所示。其中扩增条带为纯合的 1.4 kbp 的品种有 35 个,纯合的 1.8 kbp 的品种有 31 个,这 2 种条带类型占比排在第一、第二位。且可以看出,品种内的扩增条带类型有许多品种为杂合型,即品种内不同单株的 $Rf2$ 位点的基因型是杂合的。

表 2-7　甜菜品种的 o7 分子标记扩增结果统计

o7 分子标记扩增条带大小/kbp	品种数/个	百分比/%
1.8	31	28.4
1.4	35	32.1
1.8、1.4 杂合	7	6.4
1.4/1.8	3	2.8
1.4、1.4/1.8 杂合	10	9.2
1.8、1.4/1.8 杂合	3	2.8
1.4、1.8、1.4/1.8 杂合	4	3.7
2.6	2	1.8
1.4、2.6 杂合	1	0.9
1.4/2.6	1	0.9
1.4、1.4/2.6 杂合	3	2.8
2.6、1.4/2.6 杂合	1	0.9
1.4、1.4/1.8、2.6 杂合	1	0.9
1.8、2.6 杂合	2	1.8
1.4/1.8、1.4/2.6 杂合	1	0.9
1.4、1.4/1.8、1.4/2.6 杂合	2	1.8
1.4、1.4/1.8、1.8/2.6 杂合	1	0.9
1.8、1.4/1.8、1.4/2.6、2.6 杂合	1	0.9
总计	109	100

注:表中百分比为四舍五入结果。

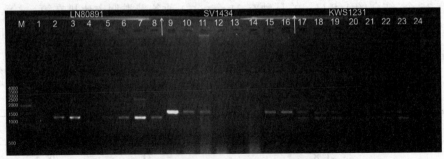

图 2-7　部分甜菜品种的 o7 分子标记扩增结果

注:M,500 bp DNA Ladder;泳道 1~8 为品种 LN80891 的扩增结果,

泳道 9~16 为品种 SV1434 的扩增结果,

泳道 17~24 为品种 KWS1231 的扩增结果

2.3.2　形态学调查分析

参照 Moritani 等人的研究,对花药进行肉眼观察和评价。研究发现,当花药完全炸开破裂,花粉呈鲜黄色,并且里面含有大量花粉粒时,即认为该株是可育型;而当花药颜色淡,基本不开裂,几乎无花粉时,即认为该株为不育型。花粉育性调查标准如表 2-8 所示。

表 2-8　花粉育性调查标准

类别	花药分类特征		
	花药颜色	花药开裂情况	花粉粒产生情况
完全不育型(W)	白色或褐色	不开裂	不产生
半不育Ⅰ型(G)	浅绿色	不开裂	不产生
半不育Ⅱ型(S)	黄色,略橙色	基本不开裂	不产生

续表

类别	花药分类特征		
	花药颜色	花药开裂情况	花粉粒产生情况
半可育型(P)	黄色,略橙色	开裂、不开裂均有	主要为无受精能力的花粉粒,同时存在少量正常花粉粒
可育型(N)	黄色	开裂	正常花粉粒大量产生

甜菜品种的田间花粉育性的调查结果如表 2-9 所示。调查发现,不育型的品种个数为 39 个,占比约为 36%,其中 37 个为国外育种公司培育的品种,2 个为我国培育的品种;可育型的品种个数为 22 个,占比约为 20%,其中 14 个为国外育种公司培育的品种,8 个为我国培育的品种;未抽薹的品种个数为 48 个,占比约为 44%。甜菜一般在 2~10 ℃的温度下春化 10~14 周即可。母根需要进行低温春化,在 15~20 ℃的环境中贮藏 20 天以上,同时每天保证 12 h 以上的长日照。也只有在这样的条件下,母根才可以顺利通过光照阶段,成功地抽薹、开花。

表 2-9　甜菜品种的花粉育性调查结果

育性情况	品种数/个	百分比/%
不育型	39	36
可育型	22	20
未抽薹	48	44
总计	109	100

注:表中百分比为四舍五入结果。

2.3.3 分子标记结果与田间花粉育性调查的关联分析

将分子标记结果与田间花粉育性调查的结果进行关联对比分析。

将甜菜品种的细胞质育性鉴定结果与花粉育性鉴定结果整合,结果显示,当甜菜品种的细胞质为 S、N 杂合型时,不管细胞核的基因型如何,若该品种细胞质的育性是杂合型,则该品种的育性一定也是杂合型。

将甜菜品种的细胞核育性鉴定结果与花粉育性鉴定结果整合,如表 2-10 所示,在甜菜登记品种中,有 11 个品种的 s17 分子标记扩增产物进行酶切的模式为 4/4,即 $Rf1$ 位点都是隐性基因,且细胞质都是不育型。在这 11 个品种中,当 o7 引物的扩增条带为 2.6 kbp 时,花粉育性为不育型,这与 Arakawa 等人的研究结果一致;当 o7 引物的扩增条带为 1.8 kbp 时,花粉育性为不育型;当 o7 引物的扩增条带为 1.4 kbp、1.4/1.8 kbp 时,有一个品种是不可育的,但此样本量过少,并不能确定 o7 出现此条带时,该品种一定是不育型;当 o7 引物的扩增条带为 1.4 kbp 时,既出现了可育型的品种,也出现了不可育型的品种,且对照组中的 WZD-5CMS 不育系和 WZD-5O 保持系扩增条带也是 1.4 kbp。根据表 2-7 的数据结果,我们为了验证不同品种之间的 o7 分子标记的扩增结果与花粉育性之间的差异显著性情况,对数据进行 Fisher 精确检验,求出 p 值,p 值大于 0.05 即表示差异不显著,反之,表示差异显著。检验结果显示,$p=0.43>0.05$,即差异不显著。无论 o7 分子标记扩增条带类型如何分配,均不能说明与 $Rf2$ 位点相关联的 o7 分子标记的扩增情况与花粉育性存在明显的关联。因此,我们推测 $Rf2$ 基因本身在育性恢复中不起作用或所起作用较小,这种推测与石好琪的论点一致。

当品种的细胞质为 S 型,s17 分子标记扩增条带为 1.8 kbp、1.3/1.8 kbp 杂合时,可以将其中的 1.8 kbp 产物进行双酶切反应,从而进一步查看带型。但无论酶切类型如何,该品种出现了 1.3/1.8 kbp 的条带,均认为 $Rf1$ 位点存在显性基因,该品种内的育性情况不一致,既有可育型的,也有不育型的。

据 Arakawa 等人的研究可知,当酶切结果为 4/5 杂合型时,其品种的细胞质既有 N 型也有 S 型,并不能判断其育性。而本次研究也证明了这一点,当酶切结果为 4/4、4/5 杂合型,4/4、5/5 杂合型,4/5、5/5 杂合型,4/4、4/5、5/5 杂合型时，无论 o7 扩增出了哪种类型的条带，品种都有可育的情况发生。所以我们推测，只有当品种的 TR1 分子标记类型为纯合的 500 bp，与 *Rf*1 位点相关联的分子标记 s17 引物进行扩增的条带为 1.8 kbp，进行双酶切的类型为纯合的 4/4 模式，且与 *Rf*2 位点相关联的分子标记 o7 引物的扩增条带为纯合的 2.6 kbp 或 1.8 kbp 时，该品种为不育型。

表 2-10　甜菜品种育性组成情况统计

s17 分子标记扩增条带类型/kbp	酶切类型	o7 分子标记扩增条带类型/kbp	不育型品种数/个	可育型品种数/个	未抽薹品种数/个	总计/个	总计/个
1.8	4/4	1.4	2	2	2	6	11
		1.8	2	—	—	2	
		1.4、1.4/1.8	1	—	1	2	
		2.6	1	—	—	1	
	4/5	1.4	1	—	5	6	20
		1.8	2	1	3	6	
		1.8、1.4	2	—	1	3	
		1.4/1.8	1	—	—	1	
		1.4、1.4/1.8	1	—	1	1	
		1.8、1.4/1.8	—	—	2	2	
		1.4、1.8、1.4/1.8	1	—	—	1	
	5/5	1.8	1	1	—	2	11
		1.4	1	—	—	1	
		1.4/1.8	—	—	1*	1	
		1.4、1.4/1.8	2	—	1	3	
		1.4/2.6	—	—	1	1	
		1.4、1.4/2.6	—	—	1	1	
		2.6、1.4/2.6	—	1	—	1	
		1.4、1.4/1.8、1.4/2.6	—	1	—	1	

续表

s17分子标记扩增条带类型/kbp	酶切类型	o7分子标记扩增条带类型/kbp	不育型品种数/个	可育型品种数/个	未抽薹品种数/个	总计/个	总计/个
1.8	4/5、5/5 杂合	1.8	4	2	3	9	
		1.4	5	2	4	11	
		1.8、1.4	2	—	—	2	
		1.8、1.4/1.8	1	—	—	1	26
		1.4、1.4/2.6	—	—	1	1	
		1.8、2.6	—	1	—	1	
		1.4、1.8、1.4/1.8	1	—	—	1	
	4/4、4/5 杂合	1.8、1.4/1.8、1.4/2.6、2.6	—	—	1	1	
		1.8	—	1	1	2	5
		1.8、2.6	—	—	1	1	
		1.4	—	1	—	1	
	4/4、4/5、5/5 杂合	1.8	1	—	1	2	
		1.4、1.8、1.4/1.8,	1	—	—	1	4
		1.4、1.4/2.6	—	—	1	1	
	4/4、5/5 杂合	1.4	—	1*	—	1	
		1.4、1.4/1.8	—	—	1	1	2
1.8、1.3/1.8	4/4	1.8、1.4	—	1	—	1	1
	4/5	1.8	—	1	—	1	
		1.4	1	1	—	2	4
		1.4、1.4/1.8,2.6	—	1	—	1	
	5/5	1.8	—	—	1	1	
		1.4	1	—	1	2	
		1.4/1.8、1.4/2.6	—	1	—	1	5
		2.6	1	—	—	1	

续表

s17 分子标记扩增条带类型/kbp	酶切类型	o7 分子标记扩增条带类型/kbp	不育型品种数/个	可育型品种数/个	未抽薹品种数/个	总计/个	总计/个
1.8、1.3/1.8	4/5、5/5 杂合	1.4、1.4/1.8、1.4/2.6	1	—	—	1	
		1.8	1	—	2	3	5
		1.4、1.8、1.4/1.8、	—	1*	—	1	
	4/4、4/5 杂合	1.4、1.4/1.8、1.8/2.6	—	—	1	1	1
	4/4、5/5 杂合	1.4	1	—	—	1	1
1.3/1.8	—	1.4	—	1	3	4	
		2.6、1.4	—	—	1	1	
		1.8	—	1	2	3	11
		1.8、1.4	—	—	1	1	
		1.4/1.8	—	—	1	1	
		1.4、1.4/1.8	—	—	1	1	
1.3、1.8、1.3/1.8	未成功	1.4、1.4/1.8	—	—	2	2	2
总计			39	22	48	109	109

注：上标*的品种细胞质为 S、N 杂合型，未上标*的细胞质类型即为纯合的 S 型。

2.3.4　讨论

生产具有优良杂种优势的甜菜,需要具有高配合力的基因型进行杂交,配合力往往与基因型的遗传分化程度有关。随着时代的发展,甜菜育种工作者们已不再通过挑选表型性状来进行选择,而是使用分子标记技术。用分子标记技术辅助育种的方法鉴定出甜菜细胞质和细胞核基因型是非常实用且高效的方式。分子标记技术代替了常规育种鉴定法,为利用国外的优良甜菜品种育成能为我们所用的不育系、保持系以及授粉系奠定了基础,节约了大量的时间和精力,并减少了田间工作量,大大提高了育种效率。

试验中采用裂解液法现提取的鲜样 DNA,针对细胞质的分子标记能够得到结果,但是针对细胞核时不易得出结果。虽然此方法节约了大量时间和精力,但提取的 DNA 存放时间较短,降解较快,需反复提取鲜样。因此,最后我们采用改良的 CTAB 法提取 DNA,提取的 DNA 较纯,且便于反复取用。

本次试验第一批甜菜品种春化了 6 个月左右,每日 14 h 的长日照,第二批甜菜品种春化了 13 周,每日 24 h 的长日照,但仍然出现了有部分品种未抽薹成功,从而导致花粉育性无法调查的情况。甜菜品种抽薹情况可能受遗传与环境因素的影响,即内因和外因的影响。内因是由控制甜菜一年或二年生习性的基因决定的,可能部分品种的抽薹率本身就较低,较难抽薹开花,所以未能调查花粉育性情况。而外因则是未能满足甜菜不同品种植株生殖生长的环境条件,部分品种所需的低温春化温度和时间长短有差异,最适宜的光周期也有所不同。此外,植物的营养条件、激素水平等也对抽薹有一定的影响,在同等条件下进行春化后栽植会出现部分品种抽薹不成功的现象。但本次试验两次春化时间均超过了 13 周,春化温度在 2~10 ℃ 之间,且日照时长为每日 14 h 或 24 h,基本上能够满足甜菜春化抽薹的条件,但依然有部分甜菜未能抽薹,这需要进一步地研究其机理,加大春化抽薹的母根数量,达到种植条件并严格维持低温春化处理时间与温度,或进行分批次、分类处理,从而提高甜菜抽薹率,调查花粉育性。

对 109 个甜菜登记品种的细胞质进行育性鉴定,结果显示,所鉴定的供试材料中除大部分纯合的 S 型细胞质以外,还有 3 个既有 N 型又有 S 型的细胞质。这 3 个杂合的细胞质育性类型的品种,都是我国自主培育登记的多胚种子,表明我国自主培育登记的甜菜品种部分存在细胞质育性杂合的情况,而国外发达国家使用的种子基本是单胚细胞质不育型。因此,在今后的甜菜品种选育工作中,还需考虑甜菜品种细胞质育性的纯度问题。李士龙和王有昭在进行细胞质育性鉴定时,除了有不育系细胞质及保持系细胞质以外,还有 VNTR 片段拷贝数为 6 的细胞质、VNTR 片段拷贝数为 5 的 S-2 型及 S-3 型、VNTR 片段拷贝数为 5 的 K-5 型等多种细胞质类型。而从本次试验的结果来看,因供试材料中的国外品种较多,所以目前国内外甜菜育种亲本细胞质育性大多都是单一的 Owen 不育型。一旦产生针对 Owen 型细胞质的病害,就会对甜菜产量造成毁灭性的打击。育种者应积极从野生甜菜资源中寻找其他资源,注重选育多样化的甜菜细胞质不育型,尽量选择多胚保持系做父本,这样可以更好地保护品种,丰富我国甜菜种质资源。

Rf 基因是个多等位育性恢复基因,因此利用分子标记技术,通过对甜菜细胞质类型的鉴定结合 Rf1 和 Rf2 育性恢复基因的鉴定与田间花粉育性的调查进行对比分析,即可准确判断甜菜的育性类型。通过试验,我们发现甜菜的细胞核育性基因组成十分丰富,但同时存在种子育性杂合的问题,将品种投入生产时就会出现问题。利用分子标记技术来确定甜菜品种的育性基因型组成情况十分高效,而且能节约大量的时间和精力,为今后有目的生产种质资源以及进行高产甜菜品种的选育工作打下了重要的基础,也为选育优良高产甜菜品种提供了重要依据。

今后甜菜育种工作者应以丰产、高糖、抗病为目标,拓宽遗传基础,注重选育多样化细胞质不育型的优良单粒种,丰富甜菜种质资源。同时,为了提高品种的纯合性水平,母本细胞质应是纯合的不育型。后期应把建立相应的分子标记辅助选育体系作为研究重点,加快抗病基因型甜菜的选育进程,寻找不同基因型品种,推动我国甜菜种质资源库的建设。

2.4　本章小结

本章利用分子标记技术及形态学花粉育性调查,对 109 个国内外甜菜登记品种进行育性鉴定,对比分析得出以下结论。

(1)供试材料以 S 型细胞质为主。我国自主培育的甜菜品种部分存在细胞质育性杂合的情况,在之后的甜菜选育工作中,还需考虑甜菜品种细胞质育性的纯合问题。

(2)供试材料中与 Rf1 位点相关联的分子标记结果扩增条带为 1.8 kbp 的品种占比最高,约为 72%,1.3/1.8 kbp 的品种有 11 个,占比约为 10%,其余为杂合带型。对照组中的 Owen 型不育系和保持系甜菜的 o7 引物分子标记扩增条带为 1.4 kbp。与 Rf2 位点相关联的分子标记结果扩增条带类型有 6 种,其中扩增条带大小为纯合的 1.4 kbp 及纯合的 1.8 kbp 的品种占比排在第一、第二位,同时品种内还出现了不同带型杂合的情况。

(3)田间花粉育性调查结果显示,供试材料中有 39 个为不育型的品种,占比约为 36%。花粉为不育的大部分为国外育种公司培育的甜菜品种,这些品种的父本为多胚保持系。在今后的育种工作中,我们也可以尝试将多胚保持系作为父本,这样更有利于品种保护。

(4)从总体来看,甜菜品种的育性组成较复杂。使用与 $Rf1$ 位点相关联的分子标记 s17 引物进行扩增的条带结果为 1.8 kbp 时,进行酶切验证的结果为 4/5 杂合型,其品种育性既有可育型也有不育型。当双酶切结果涵盖 4/5 和 5/5 模式时,无论 o7 扩增出了哪种类型的条带,品种都有可育的情况产生。不同品种之间的 o7 分子标记的扩增结果与花粉育性之间的 Fisher 精确检验 $p = 0.43 > 0.05$,即两者差异不显著,$Rf2$ 基因在育性恢复中不起作用或所起作用较小。针对本次试验数据,我们推测只有当甜菜的 VNTR 分子标记 TR1 的扩增条带为纯合的 500 bp,与 $Rf1$ 位点相关联的分子标记 s17 引物进行扩增的条带为 1.8 kbp,进行双酶切的类型为纯合的 4/4 模式,且与 $Rf2$ 位点相关联的分子标记 o7 引物的扩增条带为纯合的 2.6 kbp 或 1.8 kbp 时,该品种为不育型。通过本章的研究发现,可以利用分子标记技术达到在甜菜营养生长阶段快速鉴定品种育性的目的,提高甜菜品种育性鉴定的准确性,了解国内外甜菜品种的育性组成情况,同时也为育种工作者们从国外甜菜品种中选择育种材料提供一定参考。

参考文献

[1] ARAKAWA T, UCHIYAMA D, OHGAMI T, et al. A fertility − restoring genotype of beet (*Beta vulgaris* L.) is composed of a weak *restorer−of−fertility* gene and a modifier gene tightly linked to the *Rf*1 locus[J]. PloS One, 2018, 13(6): e0198409.

[2] ARAKAWA T, UE S, SANO C, et al. Identification and characterization of a semi−dominant *restorer−of−fertility* 1 allele in sugar beet (*Beta vulgaris*)[J]. Theoretical Applied Genetics, 2018, 132(1): 227−240.

[3] BHATNAGAR − MATHUR P, GUPTA R, REDDY P S, et al. A novel mitochondrial *orf*147 causes cytoplasmic male sterility in pigeonpea by modulating aberrant anther dehiscence[J]. Plant Molecular Biology, 2018, 97 (1−2): 131−147

[4] BOGACHEVA N N, FEDULOVA T P, NALBANDYAN A A. Innovation methods in molecular breeding of Sugar Beet (*Beta vulgaris* L.)[J]. Russian Agricultural Sciences, 2019, 45(3): 247−250.

[5] BROWNFIELD L. Plant breeding: Revealing the secrets of cytoplasmic male sterility in wheat[J]. Current Biology, 2021, 31(11): R724−R726.

[6] CAI Y M, MA Z S, OGUTU C O, et al. Potential Association of Reactive Oxygen Species with Male Sterility in Peach[J]. Frontiers in Plant Science, 2021, 12: 653256.

[7] CHASE C D. Cytoplasmic male sterility: a window to the world of plant mitochondrial − nuclear interactions [J]. Trends in Genetics, 2007, 23 (2): 81−90.

[8] CHEN H L, WANG S P, XING Y Z, et al. Comparative analyses of genomic locations and race specificities of loci for quantitative resistance to *Pyricularia grisea* in rice and barley[J]. Proceedings of the National Academy of Sciences of the United States of America, 2003, 100(5): 2544-2549.

[9] CHENG D Y, KITAZAKI K, XU D C, et al. The distribution of normal and male-sterile cytoplasms in Chinese sugar-beet germplasm[J]. Euphytica: International journal of plant Breeding, 2009, 165(2): 345-351.

[10] CLOUSE J W, ADHIKARY D, PAGE J T, et al. The Amaranth genome: genome, transcriptome, and physical map assembly[J]. The Plant Genome, 2016, 9(1): 1-14.

[11] DEWEY R E, LEVINGS C S, TIMOTHY D H. Novel recombinations in the maize mitochondrial genome produce a unique transcriptional unit in the Texas male-sterile cytoplasm[J]. Cell, 1986, 44(3): 439-449.

[12] DOHM J C, LANGE C, HOLTGRÄWE D, et al. Palaeohexaploid ancestry for Caryophyllales inferred from extensive gene-based physical and genetic mapping of the sugar beet genome (*Beta vulgaris*)[J]. The Plant Journal, 2012, 70(3): 528-540.

[13] DUROC Y, GAILLARD C, HIARD S, et al. Biochemical and functional characterization of ORF138, a mitochondrial protein responsible for Ogura cytoplasmic male sterility in *Brassiceae*[J]. Biochimie, 2005, 87(12): 1089-1100.

[14] DUROC Y, GAILLARD C, HIARD S, et al. Nuclear expression of a cytoplasmic male sterility gene modifies mitochondrial morphology in yeast and plant cells[J]. Plant Science, 2006, 170(4): 755-767.

[15] FLORES-RENTERÍA L, OROZCO-ARROYO G, CRUZ-GARCÍA F, et al. Programmed cell death promotes male sterility in the functional dioecious *Opuntia stenopetala* (Cactaceae)[J]. Annals of Botany, 2013, 112(5): 789-800.

[16] GALLAGHER L J, BETZ S K, CHASE C D. Mitochondrial RNA editing truncates a chimeric open reading frame associated with S male-sterility in

maize[J]. Current Genetics, 2002, 42(3): 179-184.

[17] HANSON M R, BENTOLILA S. Interactions of mitochondrial and nuclear genes that affect male gametophyte development[J]. The Plant Cell, 2004, 16 (Suppl-1): S154-S169.

[18] HJERDIN-PANAGOPOULOS A, KRAFT T, RADING I M, et al. Three QTL regions for restoration of Owen CMS in sugar beet[J]. Crop Science, 2002, 42 (2): 540-544.

[19] HOGABOAM G J. Factors influencing phenotypic expression of cytoplasmic male sterility in the sugar beet (*Beta Vulgaris* L.)[J]. Journal of Sugarbeet Research, 1957, 9(5): 457-465.

[20] HONMA Y, TAGUCHI K, HIYAMA H, et al. Molecular mapping of *restorer-of-fertility* 2 gene identified from a sugar beet (*Beta vulgaris* L. ssp. *vulgaris*) homozygous for the non-restoring *restorer-of-fertility* 1 allele[J]. Theoretical & Applied Genetics, 2014, 127(12): 2567-2574.

[21] HOWAD W, TANG H V, PRING D R, et al. Nuclear genes from Tx CMS maintainer lines are unable to maintain *atp*6 RNA editing in any anther cell-type in the Sorghum bicolor A3 cytoplasm[J]. Current Genetics, 1999, 36(1 -2): 62-68.

[22] IWABUCHI M, KYOZUKA J, SHIMAMOTO K. Processing followed by complete editing of an altered mitochondrial *atp*6 RNA restores fertility of cytoplasmic male sterile rice[J]. Embo Journal, 1993, 12(4): 1437-1446.

[23] JING B, HENG S P, TONG D, et al. A male sterility-associated cytotoxic protein ORF288 in *Brassica juncea* causes aborted pollen development[J]. Journal of Experimental Botany, 2011, 63(3): 1285-1295.

[24] KAILA T, SAXENA S, RAMAKRISHNA G, et al. Comparative RNA editing profile of mitochondrial transcripts in cytoplasmic male sterile and fertile pigeonpea reveal significant changes at the protein level[J]. Molecular Biology Reports, 2019, 46(2): 2067-2084.

[25] KIM D H, DOYLE M R, SUNG S, et al. Vernalization: winter and the timing of flowering in plants[J]. Annual review of cell and developmental biology,

2009, 25: 277-299.

[26]KLEIN R R, KLEIN P E, MULLET J E, et al. Fertility restorer locus *Rf*1 of sorghum (*Sorghum bicolor* L.) encodes a pentatricopeptide repeat protein not present in the colinear region of rice chromosome 12 [J]. Theoretical & Applied Genetics, 2006, 112(2): 388-388.

[27]KOJIMA H, KAZAMA T, FUJII S, et al. Cytoplasmic male sterility-associated ORF79 is toxic to plant regeneration when expressed with mitochondrial targeting sequence of ATPase γ subunit[J]. Plant Biotechnology, 2010, 27 (1): 111-114.

[28]KUBO T, ARAKAWA T, HONMA Y, et al. What does the molecular genetics of different types of *restorer-of-fertility* genes imply? [J]. Plants, 2020, 9 (3): 361.

[29]LANDGREN M, ZETTERSTRAND M, SUNDBERG E, et al. Alloplasmic male-sterile *Brassica* lines containing *B. tournefortii* mitochondria express an ORF 3′ of the *atp*6 gene and a 32 kDa protein[J]. Plant Molecular Biology, 1996, 32(5): 879-890.

[30]LASER K D, LERSTEN N R. Anatomy and cytology of microsporogenesis in cytoplasmic male sterile angiosperms[J]. The Botanical Review, 1972, 38 (3): 425-454.

[31]LAVER H K, REYNOLDS S J, MONEGER F, et al. Mitochondrial genome organization and expression associated with cytoplasmic male sterility in sunflower (Helianthus annuus) [J]. Plant Journal : for Cell & Molecular Biology, 2010, 1(2): 185-193.

[32]LEVINGS C S, PRING D R. Restriction endonuclease analysis of mitochondrial DNA from normal and Texas cytoplasmic male-sterile maize [J]. Science, 1976, 193(4248): 158-160.

[33]LI S Q, WAN C X, KONG J, et al. Programmed cell death during microgenesis in a Honglian CMS line of rice is correlated with oxidative stress in mitochondria[J]. Functional Plant Biology, 2004, 31(4): 369-376.

[34]LUO D P, HONG X, LIU Z L, et al. A detrimental mitochondrial-nuclear

interaction causes cytoplasmic male sterility in rice [J]. Nature Genetics, 2013, 45(5): 573-577.

[35] MATSUHIRA H, KAGAMI H, KURATA M, et al. Unusual and typical features of a novel *restorer-of-fertility* gene of sugar beet (*Beta vulgaris* L.) [J]. Genetics, 2012, 192(4): 1347-1358.

[36] MILLAR A H, WHELAN J, SOOLE K L, et al. Organization and regulation of mitochondrial respiration in plants [J]. Annual Review of Plant Biology, 2011, 62: 79-104.

[37] MORITANI M, TAGUCHI K, KITAZAKI K, et al. Identification of the predominant nonrestoring allele for Owen-type cytoplasmic male sterility in sugar beet (*Beta vulgaris* L.): development of molecular markers for the maintainer genotype [J]. Molecular Breeding: New Strategies in Plant Improvement, 2013, 32(1): 91-100.

[38] NAKAI S, NODA D, KONDO M, et al. High-level expression of a mitochondrial *orf* 522 gene from the male-sterile sunflower is lethal to *E. Coli* [J]. Breeding Science, 2010, 45(2): 233-236.

[39] NISHIZAWA S, KUBO T, MIKAMI T. Variable number of tandem repeat loci in the mitochondrial genomes of beets [J]. Current Genetics, 2000, 37(1): 34-38.

[40] NUGENT J M, BYRNE T, MCCORMACK G, et al. Progressive programmed cell death inwards across the anther wall in male sterile flowers of the gynodioecious plant *Plantago lanceolata* [J]. Planta, 2019, 249(3): 913-923.

[41] OKUDA K, MYOUGA F, MOTOHASHI R, et al. Conserved domain structure of pentatricopeptide repeat proteins involved in chloroplast RNA editing [J]. Proceedings of the National Academy of Sciences of the United States of America, 2007, 104(19): 8178-8183.

[42] PALUMBO F, VITULO N, VANNOZZI A, et al. The mitochondrial genome assembly of fennel (*Foeniculum vulgare*) reveals two different *atp*6 gene sequences in cytoplasmic male sterile accessions [J]. International Journal of

Molecular Sciences, 2020, 21(13): 4664.

[43] PILLEN K, SLEINRÜCKEN G, HERRMANN R G, et al. An extended linkage map of sugar beet (*Beta vulgaris* L.) including nine putative lethal genes and the restorer gene X [J]. Plant Breeding, 1993, 111 (4): 265-272.

[44] SCHONDELMAIER J, JUNG C. Chromosomal assignment of the nine linkage groups of sugar beet (*Beta vulgaris* L.) using primary trisomics [J]. Theoretical Applied Genetics, 1997, 95(4): 590-596.

[45] TAGUCHI K, HIYAMA H, YUI-KURINO R, et al. Hybrid breeding skewed the allelic frequencies of molecular variants derived from the *restorer of fertility* 1 locus for cytoplasmic male sterility in sugar beet (*Beta vulgaris* L.) [J]. Crop Science, 2014, 54(4): 1407-1412.

[46] WANG Z H, ZOU Y J, LI X Y, et al. Cytoplasmic male sterility of rice with boro II cytoplasm is caused by a cytotoxic peptide and is restored by two related PPR motif genes via distinct modes of mRNA silencing[J]. The Plant Cell, 2006, 18(3): 676-687.

[47] ZEHRMANN A, VERBITSKIY D, VAN DER MERWE J A, et al. A DYW domain-containing pentatricopeptide repeat protein is required for RNA editing at multiple sites in mitochondria of *Arabidopsis thaliana*[J]. Plant Cell, 2009, 21(2): 558-567.

[48] 柴军琳, 孙阳阳, 贾小平, 等. 一种普通小麦细胞质雄性不育系的鉴定及恢保关系研究[J]. 麦类作物学报, 2016, 36(8): 1003-1007.

[49] 陈和平, 陈臻, 曾翠云, 等. 基于大数据平台的国外引进甜菜种子现状分析[J]. 中国糖料, 2019, 41(1): 51-53.

[50] 程大友, 徐德昌. 利用当年抽薹基因型甜菜缩短育种年限的研究[J]. 中国农业科学, 2003, 36(2): 233-236.

[51] 程圆. 三种不育源乌菜转育后代生理生化及其花药细胞形态学研究[D]. 合肥: 安徽农业大学, 2016.

[52] 崔平. 甜菜种质资源遗传多样性研究与利用[J]. 植物遗传资源学报, 2012, 13(4): 688-691.

［53］戴建军.甜菜当年抽苔差异表达基因的克隆及特性研究［D］.哈尔滨:东北农业大学,2003.

［54］胡华兵.浅谈甜菜育种部分专业名词［J］.中国糖料,2015,37（2）:75-76+79.

［55］贾敢敢.甜菜育性相关基因蛋白差异表达分析［D］.呼和浩特:内蒙古农业大学,2016.

［56］解志佳.哈尔滨市呼兰区近 41 年玉米生育期气候要素变化趋势分析［D］.哈尔滨:东北农业大学,2014.

［57］金英姿.甜菜粕的深层次开发［J］.中国甜菜糖业,2004（3）:16-18.

［58］雷刚,方荣,周坤华,等.植物细胞质雄性不育与线粒体［J］.西北植物学报,2020,40（9）:1617-1626.

［59］李士龙.甜菜细胞质雄性不育性的分子特性及育种应用研究［D］.大庆:黑龙江八一农垦大学,2010.

［60］梁乃国.温光诱导下甜菜抽薹和开花相关分子机制研究［D］.哈尔滨:哈尔滨工业大学,2018.

［61］刘景华,王凤.浅谈影响甜菜种子产质量的因素［J］.种子世界,2004（8）:29.

［62］刘乃新,马龙彪,赵雨,等.利用 PCR 仪快速提取甜菜基因组 DNA［J］.中国农学通报,2016,32（35）:15-18.

［63］刘一珺.甜菜 Owen 型育性分子鉴定及分子辅助育种研究［D］.哈尔滨:哈尔滨工业大学,2015.

［64］罗振福,贺建华,谭碧娥.甜菜粕的资源化利用及其在猪营养中的应用［J］.家畜生态学报,2020,41（1）:81-85.

［65］马龙彪,吴则东,王茂芊,等.甜菜育种的研究进展及未来发展展望［J］.中国糖料,2018,40（6）:62-65.

［66］牟英男.甜菜质核互作雄性不育育性发育相关蛋白研究［D］.呼和浩特:内蒙古农业大学,2018.

［67］倪洪涛,薛琳,罗世龙,等.甜菜主要病害抗性育种研究进展［J］.中国糖料,2020,42（4）:62-67.

［68］倪洪涛,周芹,赵立波,等.甜菜杂种优势研究进展［J］.中国农学通报,

2016，32(15)：59-63.

[69]乔志文,陆安军,韩成贵.黑龙江省甜菜立枯病病区和品种抗病性分类研究[J].中国农学通报,2018,34(15):152-158.

[70]沈国强.适应气候变化的农作物分布格局研究:以东北地区为例[D].长春:中国科学院大学(中国科学院东北地理与农业生态研究所),2017.

[71]石好琪.利用分子标记技术鉴定甜菜种质资源育性的研究[D].哈尔滨:黑龙江大学,2021.

[72]石好琪,丁刘慧子,邬植,等.利用分子标记快速鉴定甜菜育性的研究[J].中国农学通报,2021,37(3):61-65.

[73]孙海艳,史梦雅,李荣德,等.我国甜菜种业发展现状分析及对策建议[J].中国种业,2021(3):1-4.

[74]苏爱国,宋伟,王帅帅,等.玉米细胞质雄性不育及其育性恢复基因的研究进展[J].中国生物工程杂志,2018,38(1):108-114.

[75]王端莹.春化对甜菜不育系及保持系DNA甲基化和蛋白表达影响的研究[D].哈尔滨:哈尔滨工业大学,2018.

[76]王燕飞,刘华君,张立明,等.栽培甜菜的种类及利用价值[J].中国糖料,2004(4):43-46.

[77]王有昭.中国甜菜主要品系细胞质育性相关片段的分子差异[D].哈尔滨:哈尔滨工业大学,2009.

[78]王玥.甜菜春化相关lncRNA的鉴定及其功能分析[D].哈尔滨:哈尔滨工业大学,2019.

[79]魏良民,冯建忠.甜菜种株生长、种子繁殖所需的基本环境条件[J].新疆农业科技,1999(6):16.

[80]乌日汉,斯钦巴特尔,伊六喜,等.甜菜细胞质雄性不育相关基因的克隆表达及CMS的相关性研究[J].中国农学通报,2015,31(11):137-142.

[81]吴则东,王华忠.我国甜菜育种的主要方法、存在问题及其解决途径[J].中国糖料,2011(1):67-70.

[82]吴则东,王荣华,张文彬.新时期甜菜糖业面临的机遇、挑战及发展策略[J].中国糖料,2017,39(4):71-73.

[83]闫彩燕,邹奕,吴则东,等.一种适用于甜菜大规模快速提取DNA的方法

　　[J].中国糖料,2018,40(6):44-46.

[84]燕厚兴,林春晶,范亚军,等.植物细胞质雄性不育基因克隆及分子机制研究进展[J].植物生理学报,2022,58(1):61-76.

[85]周小利,杨诗怡,陈志芸,等.植物细胞质雄性不育和育性恢复基因调控机制研究进展[J].农学学报,2018,8(7):62-67.

第3章 甜菜品种的取样策略

3.1 引言

3.1.1 取样策略与遗传多样性

由于甜菜品种绝大多数是三交种,即由三个甜菜自交系两次杂交得到的杂交种,其内部个体之间基因型会存在差异,因此,在利用分子标记技术鉴定甜菜品种真实性时便会涉及取样量的问题,对于取样策略的制定以及探讨十分必要。合理的取样策略可大大减少研究性试验的工作量,而且样本量达到一定范围才能真实反映品种的遗传完整性,增加其可信度。

3.1.1.1 取样策略的研究

取样策略问题的提出源于对种质资源和生物多样性的保护。1970 年,Allard 首次提出了最佳取样策略这个概念,他强调许多物种内存在着大量的遗传变异和不同的基因型,但在资源的采集过程中,除了个别个体和居群、数量都较少的濒危物种外,由于受到人力和物力的限制,只能采集和保护其中的部分基因型或遗传变异。因此,在可操作的情况下如何获取一定数目的样本使之包含尽可能多的遗传变异是一个问题,要解决这一问题便需要一个合理的取样策略,使得研究的结果具有科学性和客观性。同时,农作物遗传完整性研究以及品种鉴定、指纹图谱及分子身份证的构建也同样存在着取样策略的问题。班霆等人研究了异花授粉植物紫花苜蓿的取样数目与遗传多样性,对其 4 个品种进行取样,取样数目分别设置为 10、20、40 和 60 个,然后对取样单株分别进行 DNA 混合,发现 40 和 60 个单株 DNA 混合样的聚类结果一致。李保印等人在中原牡丹品种的取样策略研究中,以 400 个中原牡丹品种的形态学和农艺学性状为基本数据,研究了其核心种质构建的取样策略,包括分组、总体取样比例的确定以及取样策略的构建,从而获得最佳的核心种质,研究人员发现,对按最佳取样策略获得的核心种质进行代表性检测所得的结果能很好地代表牡丹品种原始种质的遗传多样性。

3.1.1.2　取样策略与遗传参数的关系

遗传多样性被认为具有重要的生态意义,原因有很多,包括:单一物种内的遗传多样性可能与物种多样性相关;在由单一物种主导的群落中,该物种内的遗传变异可能与物种间的变异相关;遗传多样性可以作为一个复杂的多变量系统来理解,包括表型的多态(形态、生理等性状)、染色体的多态(染色体的变异)、蛋白质的多态(同工酶、等位酶等)、基因的多态(复等位基因)。

遗传参数是检测遗传多样性的相关变量,主要的衡量指标如下。

(1)多态性位点百分率(P)。多态性位点百分率是指多态性标记占检测所使用的标记数目的百分比。

(2)等位基因数(A)。等位基因数是反映群体遗传变异大小的一个指标,其数值越接近所检测到的等位基因的绝对数,表明等位基因在群体中分布越均匀。

(3)期望杂合度(H_e)。期望杂合度根据 Nei 提供的公式计算:

$$nH_e = 1 - \sum p_i^2 \ i = 1$$

其中,p_i 是第 i 个等位形式的频率,所有位点的等位形式频率由软件 POPGENE 1.32 计算得出;

n 是等位形式的数目;

H_e 值的范围为 0(说明无多态性)到 1(说明无限多个等位形式具有相同的频率,是个极限值)。

(4)观测杂合度(H_o)。观测杂合度是指随机抽取的两个样本的等位基因不相同的概率。计算公式如下:

观测杂合度 (H_o)= 观察得到杂合个体数/ 样本个体数总数。

(5)有效等位基因数(N_e)。有效等位基因数是指在理想群体中(所有等位基因频率相等),一个基因座上产生与实际群体中相同的纯合度所需的等位基因数。它等于实际群体的纯合度的倒数。

(6)观测等位基因数(N_a)。一般来说,平均每个基因座的等位基因数越多,其群体多态性就越丰富。

(7)Nei's基因多样性指数(H)。Nei's基因多样性指数是通过计算遗传距离来分析遗传多样性的,即通过计算单倍型多样性指数来计算群体间的核苷酸序列歧化距离,根据种群间不同基因所占的比例研究遗传多样性。

(8)香农信息指数(I)。香农信息指数是一种基于信息理论的测量指数,在生态学中应用很广泛。

在植物取样策略研究中,如何确定最佳取样策略与遗传多样性分析即遗传参数的变化直接相关。许玉凤在确定高粱SSR分析中遗传完整性样本量时发现,当其样本量在40个以上时,有效等位基因数、香农信息指数、观测杂合度、多态性百分比、期望杂合度都没有显著变化,因此,建议在用SSR技术对高粱进行遗传完整性分析时,样本量要选择40个单株以上。戴习林等人利用SSR分析罗氏沼虾种群的遗传多样性时指出,标记量与遗传参数存在不同程度的相关性,当其标记量大于25时,各遗传参数变化较小,当样本量大于30时,各遗传参数变化不显著,因此对罗氏沼虾群体开展遗传多样性分析时,样本量不宜小于30,标记量不宜小于25。张珊珊等人在以有效等位基因数、多态性信息量(PIC)和香农信息指数等来衡量和分析富民枳样本量与遗传参数之间的关系时发现,样本量为29株时达到曲线的拐点,因此,认为该样本量便能够代表该物种的遗传多样性。这些研究结果为本章确定最优取样量提供了方法、思路。

3.1.1.3 取样量与指纹图谱构建

1985年,英国学者在对人类基因组中高度变异DNA序列(微卫星序列)进行研究时,首次提出了指纹图谱这个概念。生物指纹图谱是指用于对不同品种的可变基因组的DNA序列的不同组成和长度进行鉴别,能反映生物个体之间差异的电泳图谱,这种电泳图谱因其具有超强的个体特异性、环境稳定性以及丰富的多态性,如同人的指纹一样,因而被称为"指纹图谱"。在过去,植物形态的比较被用来评估身份、谱系和遗传多样性,这样的方法受坏境等条件的限制,使用 DNA 指纹图谱是突破使用形态学来评估身份、谱系和遗传多样性的限制的最佳选择。与此同时,伴随现行的农作物审定与登记制度的实施,不断地补充和引入新的登记品种,这对品种管理带来了挑战。特别地,甜菜品种绝大多数为从国外进口的,容易出现同种异名的问题,且品种之间因制种公司可能采用相同的父母本制种,亲缘关系较近,遗传基础狭窄,使用传统的形态学方法进行鉴定较为困难。因此,DNA 指纹图谱的更新及准确构建势在必行。

利用 SSR 分子标记技术对某个种群进行遗传多样性分析或品种指纹鉴定时,首先考虑的是样本数量的问题,采集的样本数量要能代表某个品种的总体遗传多样性水平。为保证作物指纹图谱分析的科学性和准确性,必须使用最佳的取样方法。王惠知等人利用 EST-SSR 分子标记技术,探讨老芒麦种质资源的遗传性,发现老芒麦遗传参数与取样量有一定的相关性,认为构建作物指纹图谱应筛选最佳样本量来保证指纹图谱的准确性;在其他各种作物品种的取样策略和分子身份证的研究分析中也可发现,试验研究材料不同,取样策略不同,由此可知进行农作物种质指纹图谱构建或品种分子身份证构建时,应筛选最佳的取样单株数,以确保分子身份证构建的准确性。目前国内外尚未有关于利用 SSR 分子标记技术构建甜菜品种指纹图谱取样策略的研究报道。

3.1.2　研究的目的及意义

目前,在糖类生产上对甜菜品种丰产性、抗病性要求不断提高,但由于国内自育品种受到种子加工等技术的限制,我国现阶段对甜菜品种的引进还在进行。甜菜种子的纯度和真实性直接影响到甜菜的产质量,从而影响到农民的利益。鉴定甜菜品种真实性只根据品种的形态学特征是不够的,因为种、属或个体之间的性状差异很小,而且这种检测方法耗时长,可信度差。SSR 分子标记是当今应用较为广泛的分子标记技术之一,已被广泛用于各种作物品种的遗传图谱构建、基因定位、指纹图谱分析以及多样性评价等研究中。鉴于异花和常异花授粉植物群体内遗传多样性丰富,而甜菜品种属于三交种,个体间存在差异,若利用分子标记技术对其进行居群或品种水平的研究,取样策略就显得十分的重要。然而,尚未有以甜菜为材料开展此研究的报道。

SSR 分子标记技术现今已在玉米、水稻、大豆等作物中有关于取样策略的研究报道,并为成功建立科学的指纹数据库及分子身份证提供了参考和借鉴。甜菜品种遗传多样性及指纹图谱的研究过程中已积累一定量的 SSR 分子标记,但是未能基于取样策略将其系统地用于指纹图谱和分子身份证的构建。本章的目的就是通过筛选适合于品种纯度和真实性鉴定的 SSR 核心引物,以 5 个来自不同国家种业公司的甜菜品种为材料,通过对处理方式不同的甜菜 DNA 样本进行遗传多样性差异分析,探究甜菜登记品种的取样策略,为更准确地构建甜菜品种指纹图谱奠定基础;基于最适取样策略对国内现有的 111 个甜菜登记品种利用 SSR 分子标记做品种鉴定以及分子身份证构建,基于最少引物区分最多品种的原则,进行分子身份证的开发,为甜菜品种的鉴定和种子市场的知识产权保护提供科学依据,为后续利用电子计算机技术建立甜菜品种电子身份证数据信息平台奠定基础,以实现甜菜品种快速检索和比对的功能,推动甜菜品种 DUS 测试标准体系的建立。

3.1.3　技术路线

本章试验分为两个部分。第一部分为 SSR 引物的筛选,利用 8 个多态性较高的甜菜品种对实验室内存有的 SSR 引物预筛出 45 对具有多态性的 SSR 引物,根据染色体分布、带型等条件确定试验所需的 18 对核心引物。第二部分为取样策略的研究,用 SSR 分子标记对来自不同国家的 5 个甜菜品种进行遗传多样性分析,利用筛选出的 SSR 核心引物对处理方式不同的样本进行扩增,通过非变性聚丙烯酰胺凝胶电泳检测,比较单株、单株混合样本及随机混合样本扩增的等位基因数,分析品种的各项遗传参数,构建取样策略体系并确定最佳取样数目。

3.2　材料与方法

3.2.1　试验材料

分别选取来源于 SES VanderHave、KWS SAAT SE、MariboHilleshög ApS、

BETASEED 公司的甜菜品种以及吉林省农业科学院的地方品种作为该部分试验材料(见表3-1)。

表 3-1 试验材料

序号	品种名	来源	国家
1	KWS1197	KWS SAAT SE	德国
2	SV1434	SES VanderHave	法国
3	BTS8430	BETASEED	美国
4	MA3005	MariboHilleshög ApS	丹麦
5	吉洮单 1213	吉林省农业科学院	中国

3.2.2 试验试剂及仪器

(1)试验所用的要试剂见 2.2.4。

(2)试验所用主要仪器见表 2-2。

3.2.3 甜菜基因组 DNA 的提取

甜菜基因组 DNA 的提取方法见 2.2.6.1 节。

3.2.4 SSR 引物筛选

试验中所用到的 SSR 引物均来源于黑龙江大学甜菜遗传育种重点实验室,并由上海生工生物工程技术服务有限公司合成,选用 8 个甜菜品种预筛出 45 对多态性较高的 SSR 引物,利用选取的 SSR 引物对取样策略研究中的 5 个甜菜品种进行扩增,结果基于带型丰富、易于读取的原则最终筛选出 18 对分布在甜菜 9 条染色体上的 SSR 核心引物,筛选出的核心引物见表 3-2。

表 3-2 18 对 SSR 核心引物

序号	引物名称	序列信息	
1	BQ588629	GCAGAAGGTTGAAGAAGAA	AGTCTCAGGATGATGCCC
2	L7	TCCATTTCCAACAACAGCAA	CCAAAGCCAGGAAAGTTGAA
3	L16	GTTGAATCAGGTAATGCGGG	TTTCTCCCCGTGAAGATGAC
4	L35	TTCCAACCGATTCTGTCCTC	GCAACTGCGCTTAATCTTCC
5	L37	TCCATGAATTCTCCGACGA	GGAGGAGAAATGGAGAAAAGG
6	L48	TGTTGCCTTGACTGTTGCTC	GAGGGGAAGTGGGAAAGAAG
7	L57	CCAGTGGGTAGTGAAGCCAT	CTCCGCTTCCGAATTATCAG
8	L59	TCTAGGGAGCTGGATGAGGA	AGTCCATTAACGACATCCGC
9	L64	TCATCACTTCCAACTTCCCC	TATTTGGTGAAGCGGGTTTT
10	L70	GCTGATGATCTTGTGGAGCA	TTGGTTTAGGCTGGAATTGG
11	L76	GGGGAACGATCAAGCTCATA	GCACCATATCACACATCCCA
12	W12	GGCAGCAAGTACACAAACGA	CGATTCTGAGCTCGTCCTTC
13	W19	GGGAAGTTGACATCGTTGCT	GCTACGACTAACATGGCACG
14	W31	TCCTCCTCCTTCTCCTTGTTC	GACCTTAACCAGTCACCGGA
15	LNX47	TGAACAAAGGCAACACCAAC	GATTAAGAGGACGGTGCCAA
16	TC55	CCAATTTTCGACCTTACCCA	CTTTTGAAGCCCAACTCCAC
17	TC122	GTTTTGGTTCTGGCACGAGT	GGGATCAACGTGAACATCCT
18	BVV21	TTGGAGTCGAAGTAGTAGTGTTAT	GTTTATTCAGGGGTGGTGTTTG

3.2.5　取样梯度划分

首先从 5 个甜菜品种中各提取 50 个单株的 DNA 样本,同时将其按 1 至 50 进行编号。A 组为:50 个单株 DNA 样本。B 组为:按照编号顺序依次混合 1～5、1～10、1～20、1～30、1～40 和 1～50 的单株 DNA 混合样本。C 组为:划分 6 个梯度,利用 Excel 表格生成随机数,以相同的量随机混合单株 DNA 样本得到的 33 个 DNA 混合样本。因此每个品种各有 89 个 DNA 样本,取样方法见表 3-3。

表 3-3　甜菜品种的 DNA 取样方法

处理方式	组别	混合数	DNA 样本数量/个	电泳泳道
单株	A	1	50	1～5, 7～11, 13～22, 24～33, 35～44, 46～55
单株混合样本	B_1	1～5	1	6
	B_2	1～10	1	12
	B_3	1～20	1	23
	B_4	1～30	1	34
	B_5	1～40	1	45
	B_6	1～50	1	56
单株随机混合样本	C_1	5	10	57～66
	C_2	10	10	67～76
	C_3	20	5	77～81
	C_4	30	5	82～86
	C_5	40	2	87～88
	C_6	50	1	89

3.2.6　PCR 扩增与电泳检测

采用 5 μL 的 PCR 扩增体系,包括 1 μL 的基因组 DNA,2.5 μL 的 2×MIX (2 * Rapid Taq Master Mix),0.4 μL 的正反向引物(10 pmol/L),1.1 μL 的 ddH₂O。

PCR 程序视所用 SSR 引物退火温度而采用以下两种。

一种是固定退火温度 PCR 程序:94 ℃预变性 3 min;95 ℃变性 15 s,58 ℃ 或 60 ℃退火 15 s,72 ℃延伸 30 s,循环 35 次;72 ℃终延伸 5 min。

另一种是 Touchdown PCR 的程序:94 ℃预变性 3 min;95 ℃变性 15 s,65 ℃ 退火 15 s(以后在 65~56 ℃温度范围内每降 1 ℃循环 2 次,直到温度降至 56 ℃),72 ℃延伸 30 s;95 ℃变性 15 s,55 ℃退火 15 s,72 ℃延伸 30 s,循环 20 次;72 ℃终延伸 5 min;4 ℃保存。

PCR 扩增完成后,取 1.5 μL 扩增产物,在 8%的非变性聚丙烯酰胺凝胶上 采用恒电压(180 V)电泳 1.5 h,使用高效无毒的 G-Red 核酸染料对凝胶进行 泡染,最后进行观察、照相、读带。

3.2.7　数据分析

统计 SSR 扩增位点,对清晰的 DNA 条带进行统计,并用数字 0、1、9 表示, 其中 1 表示有带型,9 表示缺失,0 表示没有带型。将数据集转换为数字矩阵, 进行统计分析。使用 POPGENE 1.32 软件计算有效等位基因数、香农信息指数 以及期望杂合度,并采用 MEGA 软件计算品种内个体间的遗传距离。

3.3　结果与分析

3.3.1　SSR 扩增带型

5 个甜菜品种各 89 个 DNA 样本,利用筛选出的 SSR 核心引物进行 PCR 扩增,其中引物 L59 对甜菜品种 MA3005 的 C 组单株随机混合样本扩增产物的电泳结果如图 3-1 所示。A 组扩增的结果在某些引物上有明显的差异;B 组扩增的结果显示,大部分单株混合样本可以扩增出与其相应的单株 DNA 样本扩增出的等位基因,但在个别引物中随着样本容量的扩大会出现漏检的情况;C 组扩增的结果显示,单株随机混合 DNA 样本在 5、40、50 株混合时带型略有差异,但在 10、20、30 株混合时趋于一致,表明单株随机混合样本中所包含的单株数目过少或过多,漏检的等位基因数目都会增加。

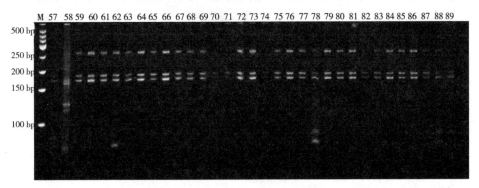

图 3-1　引物 L59 对甜菜品种 MA3005 的 C 组单株随机混合样本的扩增带型

注:M,50 bp DNA 标记。

3.3.2　品种内个体间遗传多样性

利用 18 对 SSR 引物分别对 5 个甜菜品种 A 组的 50 个单株 DNA 样本进行遗传多样性分析。从扩增出的等位基因数目上可以看出(见表 3-4):吉洮单1213 的 50 个单株 DNA 样本共检测到 63 个等位基因,而在 MA3005、BTS8430、SV1434 以及 KWS1197 的 50 个单株 DNA 样本中分别检测出 52、55、52 和 60 个等位基因;在吉洮单 1213 中平均每对引物扩增出的等位基因数为 3.5 个,MA3005、BTS8430、SV1434 以及 KWS1197 则为 2.8~3.4 个。根据表 3-5 可以看出,吉洮单 1213 的有效等位基因数范围为 1.132 7~2.569 5 个,香农信息指数为 0.233 8~0.905 8,期望杂合度为 0.117 2~0.610 8,变幅均大于其余 4 个供试品种,最为明显的是吉洮单 1213 的品种个体间序列平均遗传距离为 0.320 2,大于其他 4 个供试品种。综上可知,5 个甜菜品种内单株间的遗传距离较大,表明品种间具有一定的遗传变异,且国内品种的遗传多样性比国外品种高,但一致性差。因此根据不同国家的 5 个甜菜品种所构建的技术体系可用于大部分甜菜品种的遗传多样性研究,其中单株取样法适合甜菜品种内个体间的遗传多样性、一致性的研究,但不适合构建指纹图谱。

表 3-4　SSR 引物及其扩增出的等位基因数、退火温度

编号	引物名称	等位基因数/个					退火温度/℃
		KWS1197	SV1434	BTS8430	MA3005	吉洮单 1213	
1	BQ588629	3	4	4	3	3	58
2	L7	5	3	5	3	5	58
3	L37	4	4	3	4	3	58
4	LNX47	3	3	3	3	3	T
5	L16	2	2	3	2	2	T
6	L35	4	2	2	3	4	T
7	L48	2	2	2	3	3	T
8	L57	4	2	2	2	3	T
9	L59	3	2	3	3	2	T
10	L64	4	3	3	2	2	T
11	L70	3	2	3	3	3	T
12	L76	4	5	3	4	5	T
13	W31	2	3	3	2	2	T
14	W19	4	1	4	3	5	T

续表

编号	引物名称	等位基因数/个					退火温度/℃
		KWS1197	SV1434	BTS8430	MA3005	吉洮单 1213	
15	TC55	4	6	4	4	7	T
16	W12	3	4	3	2	3	T
17	BVV21	2	2	2	2	2	60
18	TC122	4	2	4	4	6	60
	合计	60	52	55	52	63	

注：T 为 Touchdown。

表 3-5　品种内个体间遗传参数间差异

遗传参数	品种名称				
	KWS1197	SV1434	BTS8430	MA3005	吉洮单 1213
有效等位基因数/个	1.675 6~1.996 7	1.418 8~2.000 0	1.358 1~2.000 0	1.470 6~2.000 0	1.132 7~2.569 5
平均有效等位基因数/个	1.901 4	1.888 9	1.772 6	1.868 9	1.808 2
香农信息指数	0.593 0~0.693 1	0.486 2~0.693 1	0.433 4~0.693 1	0.500 4~0.693 1	0.233 8~0.905 8
平均香农信息指数	0.665 2	0.557 2	0.622 5	0.654 2	0.654 8
期望杂合度	0.403 2~0.500 0	0.295 2~0.500 0	0.263 7~0.500 0	0.336 7~0.500 0	0.117 2~0.610 8
平均期望杂合度	0.472 6	0.388 2	0.427 0	0.458 9	0.424 3

续表

遗传参数	品种名称				
	KWS1197	SV1434	BTS8430	MA3005	吉洮单 1213
品种个体间序列遗传距离	0.016 7~ 0.400 0	0.038 5~ 0.365 4	0.074 1~ 0.425 9	0.019 2~ 0.326 9	0.095 2~ 0.539 7
品种个体间序列平均遗传距离	0.219 2	0.197 1	0.246 4	0.164 9	0.320 2

注:表中所列数据为 50 个单株个体在 18 对 SSR 引物扩增后比较出的最小值、最大值以及均值。

3.3.3 取样策略的综合比较

3.3.3.1 单株 DNA 样本与单株 DNA 混合样本的扩增结果比较

利用 18 对 SSR 引物对 5 个甜菜品种 A 组的 50 个单株 DNA 样本和 B 组的 6 个单株 DNA 混合样本进行扩增,对结果进行比较。结果表明,不同品种内的扩增情况会有差异。

对于品种吉洮单 1213,利用 SSR 引物对 B 组的单株 DNA 混合样本进行扩增处理,结果显示绝大部分单株 DNA 混合样本的扩增带型基本一致,但引物 W12、L48、L57 以及 TC55 对 1~40 及 1~50 混样扩增时各有 1 个等位基因未检测到。

对于品种 KWS1197,利用 SSR 引物进行扩增时,18 对引物在不同混样间的扩增带型完全一致。

对于品种 BTS8430,大多数 SSR 引物在不同混样间的扩增带型是一致的。W31 引物共扩增出 2 个等位基因,但在 1~40 和 1~50 的混样中只检测到 1 个等位基因。

对于品种 MA3005,扩增结果与 BTS8430 类似。W19 引物共扩增出 3 个等位基因,但在 1~50 的混样中只检测到 2 个等位基因;L76 共扩增出 4 个等位基因,但在 1~40 的混样中只检测到 3 个等位基因。

对于品种 SV1434,绝大多数 SSR 引物在不同混样间的扩增带型也是一致的。但 TC122 和 L48 引物扩增时各有 1 个等位基因在 1~5 的混样中未检测到;L7 和 W12 引物扩增时在 1~40 的混样中所检测到的带型分辨率较低。

在 5 个甜菜品种中,B 组单株混样扩增出的等位基因数目均大于 A 组的单株所扩增出的等位基因数目。由此可知,单株混合样本基本可以扩增出单株 DNA 样本的全部带型,只有小部分如 1~5、1~40 和 1~50 混样的扩增结果会出现缺失,1~10、1~20、1~30 混样基本一致(见表 3-6)。

表 3-6　单株与单株混样等位基因数目比较

处理方式	组别	等位基因数目平均值/个				
		KWS1197	SV1434	BTS8430	MA3005	吉洮单 1213
单株	A	49	41	39	43	39
单株混样	B_1	58	47	45	45	50
	B_2	60	51	53	52	61
	B_3	60	50	51	52	61
	B_4	55	51	51	49	59
	B_5	56	51	51	50	54
	B_6	59	50	53	50	49

注:表中所列数据为 18 对 SSR 引物对 50 个单株个体及其混样扩增出的等位基因数目的平均值。

3.3.3.2　甜菜品种随机混合样本的 PCR 扩增比较

对供试甜菜品种 C 组随机混样的扩增处理中,统计每个品种样品群体的有效等位基因数、香农信息指数、期望杂合度(见表 3-7)。可以看出:随着样本容量的增加,5 个甜菜品种的有效等位基因数、香农信息指数、期望杂合度大多呈现先上升后下降的趋势,往往在混合数为 10 时出现峰值且趋于稳定,在混合数为 40 和 50 时反而会有所下降。在混合数为 5、40、50 时有效等位基因数、香农信息指数、期望杂合度的标准差大于 0.3,差异显著;但在混合数为 10、20、30 时标准差小于 0.2,其中混合数为 10 时,标准差最小且小于 0.1,此时离散程度最小,最为稳定。综上所述,用 SSR 技术构建甜菜品种指纹图谱时,提取 10 个单株混合的 DNA 样本,为最优取样策略。

表 3-7　供试品种不同样本量的遗传参数

遗传参数	品种	混合数					
		5	10	20	30	40	50
有效等位基因	KWS1197	1.863 5± 0.301 6	1.977 0± 0.079 6	1.955 9± 0.152 8	1.955 9± 0.152 8	1.800 0± 0.390 8	1.833 3± 0.389 2
	SV1434	1.976 5± 0.049 9	2.000 0± 0.000 0	1.954 0± 0.107 4	2.000 0± 0.000 0	1.916 7± 0.288 7	2.000 0± 0.000 0
	BTS8430	1.919 7± 0.256 8	1.991 9± 0.022 4	2.000 0± 0.000 0	1.990 2± 0.034 0	2.000 0± 0.000 0	2.000 0± 0.000 0
	MA3005	1.944 5± 0.101 8	2.000 0± 0.000 0	2.000 0± 0.000 0	1.955 9± 0.152 8	1.966 7± 0.115 5	1.916 7± 0.288 7
	吉洮单 1213	1.899 4± 0.145 3	1.991 9± 0.022 4	1.954 0± 0.107 4	2.000 0± 0.000 0	2.000 0± 0.000 0	1.833 3± 0.389 2

续表

遗传参数	品种	混合数					
		5	10	20	30	40	50
香农信息指数	KWS1197	0.630 1± 0.142 6	0.686 3± 0.023 8	0.677 1± 0.055 6	0.677 1± 0.055 6	0.566 7± 0.267 3	0.577 6± 0.269 8
	SV1434	0.686 8± 0.013 7	0.693 1± 0.000 0	0.679 4± 0.032 0	0.693 1± 0.000 0	0.635 4± 0.200 1	0.693 1± 0.000 0
	BTS8430	0.650 5± 0.142 4	0.691 1± 0.005 9	0.693 1± 0.000 0	0.690 5± 0.009 1	0.693 1± 0.000 0	0.693 1± 0.000 0
	MA3005	0.677 1± 0.030 9	0.693 1± 0.000 0	0.693 1± 0.000 0	0.677 1± 0.055 6	0.682 2± 0.037 8	0.635 4± 0.200 1
	吉洮单1213	0.662 6± 0.045 5	0.691 1± 0.005 9	0.679 4± 0.032 0	0.693 1± 0.000 0	0.693 1± 0.000 0	0.577 6± 0.269 8
期望杂合度	KWS1197	0.445 0± 0.123 9	0.493 3± 0.023 1	0.485 0± 0.052 0	0.485 0± 0.052 0	0.406 2± 0.193 1	0.416 7± 0.196 4
	SV1434	0.493 7± 0.013 5	0.500 0± 0.000 0	0.486 7± 0.031 1	0.500 0± 0.000 0	0.458 3± 0.144 3	0.500 0± 0.000 0
	BTS8430	0.464 8± 0.116 5	0.497 9± 0.005 8	0.500 0± 0.000 0	0.497 4± 0.009 0	0.500 0± 0.000 0	0.500 0± 0.000 0
	MA3005	0.484 3± 0.029 9	0.500 0± 0.000 0	0.500 0± 0.000 0	0.485 0± 0.052 0	0.489 6± 0.036 1	0.458 3± 0.144 3
	吉洮单1213	0.470 5± 0.043 8	0.497 9± 0.005 8	0.486 7± 0.031 1	0.500 0± 0.000 0	0.500 0± 0.000 0	0.416 7± 0.194 6

注:表中所列数据依次是 C 组扩增处理中随机混样的遗传参数及其标准差,0.000 0 表示差异不显著。

3.3.4 讨论

3.3.4.1 单株取样法在遗传变异研究中的应用

对农作物进行遗传多样性研究、保护以及构建指纹图谱时主要使用单株取样和混合取样的方法。本章利用单株取样法对甜菜品种内个体间的遗传变异进行分析,可知:5 个甜菜品种个体间遗传距离变化范围为 0.016 7~0.539 7,平均遗传距离是 0.229 5;香农信息指数变化范围为 0.233 8~0.905 8;期望杂合度变化范围为 0.117 2~0.610 8。参数变化与其他研究基本一致,表明选用的 5 个试验品种建立的技术体系可以满足该目标群体的遗传多样性研究。单株取样法在甜菜种群遗传多样性研究中具有优异性,单株样本利用分子标记检测出的遗传变异,能最大限度地表达甜菜种群的遗传基础,且能够更有效地检测到频率低的基因,这与杨苗苗等人在对裸燕麦遗传多样性进行研究时所得出的结论一致,表明单株取样法对于研究甜菜品种的一致性、特异性具有较大优势,可以反映甜菜品种内部的遗传多样性,探讨品种内的一致性,从而判定品种是否具有稳定性。但是若研究对象为多个甜菜品种,则在构建指纹图谱时,采用单株分析法势必会大大增加研究的时间与经济成本。因此进一步明确一个合适的取样策略,即确定单株混合取样是否能扩增出其相对应单株 DNA 的全部带型以及明确混合取样最佳数目,对 SSR 分子标记在构建指纹图谱中的应用至关重要。

3.3.4.2 最佳取样量的确定

本章在构建取样策略时,选用 50 个单株样本,这与沈晓婷等人在探究毛竹取样策略时提出的最佳取样数目一致,当单株样本数量达到 50~60 个时,样本群体的遗传参数便可包含种群 90% 以上的变异特性。试验中划分 6 个取样梯度,分别选取样本量为 5、10、20、30、40、50 共 33 个随机混合样本和 6 个固定混合样本,这参照了陈坚等人对同为异花授粉植物紫云英的取样策略;通过对样本量与甜菜各遗传参数进行对比分析,发现单株混合样本基本可以扩增出单株 DNA 的全部带型,混样样本的 DNA 能够代表其样本容量内的单株样本的 DNA,

所有供试品种在混合数为 10、20、30 时遗传参数趋于一致,且在混合数为 10 时,各项遗传参数出现峰值,趋于稳定,这与其他研究结论基本一致,这表明当样本量为某个数目时,等位基因数等遗传参数没有显著差异,出现峰值时便可以确定出最佳取样量,这也说明在构建指纹图谱时,适宜选用 10 个单株混样,这样才能代表甜菜品种整体的遗传特性。

3.4　本章小结

本章基于 SSR 分子标记技术选用了 5 个来自不同国家的甜菜品种,利用 18 对甜菜 SSR 核心引物对处理方式不同的甜菜样本进行扩增,通过 8% 的非变性聚丙烯酰胺凝胶电泳检测,比较单株、单株混合样本及随机混合样本扩增的等位基因数并分析品种的各项遗传参数,探究并获得甜菜品种的取样策略。研究结果表明,5 个甜菜品种单株间具有一定的遗传变异,建立的技术体系可用于大多数甜菜品种的遗传多样性研究。一般情况下单株混合样本可以扩增出单株 DNA 的全部带型;在不同梯度下的单株 DNA 随机混合样本的扩增带型及遗传参数分析中,可看出随着样本容量的增大,有效等位基因数、香农信息指数、期望杂合度趋于平稳,其中混合数为 10 时,指标间的标准差小于 0.1,变幅最小;最终根据样本量和遗传参数的变化关系,可以确认在用 SSR 分子标记技术构建甜菜品种指纹图谱时,提取 10 个单株混合的 DNA 样本,为最优取样策略。甜菜品种取样策略的确定为将来利用分子标记技术鉴定甜菜品种的纯度以及建立指纹图谱提供了理论基础。

参考文献

［1］AVOLIO M L, BEAULIEU J M, LO E Y Y, et al. Measuring genetic diversity in ecological studies［J］. Plant Ecology,2012,213:1105-1115.

［2］DOLEGOWSKA S, MIGASZEWSKI Z M. Plant sampling uncertainty: a critical review based on moss studies ［J］. Environmental Reviews, 2015, 23 (2): 151-160.

［3］JEFFREYS A J, WILSON V, THEIN S L. Hypervariable 'minisatellite' regions in human DNA［J］. Nature,1985,314(6006):67-73.

［4］LEFÈVRE F, GALLAIS A. Partitioning heterozygosity in subdivided populations: Some misuses of Nei's decomposition and an alternative probabilistic approach ［J］. Molecular Ecology,2020, 29 (16): 2957-2962.

［5］ZURN J D, NYBERG A, MONTANARI S, et al. A new SSR fingerprinting set and its comparison to existing SSR-and SNP-based genotyping platforms to manage *Pyrus* germplasm resources ［J］. Tree Genetics & Genomes, 2020, 16:1-10.

［6］班霆, 韩鹏, 刘翔, 等. 苜蓿遗传多样性的取样数目—RAPD 和 SSR 群体标记法 ［J］. 生命科学研究,2009,13(2):158-162.

［7］陈坚, 林新坚, 钟少杰. 取样策略对 SSR 标记鉴别紫云英品种能力的影响 ［J］. 植物遗传资源学报,2015,16(6):1245-1251.

［8］陈雨, 潘大建, 杨庆文, 等. 广东高州野生稻应用核心种质取样策略 ［J］. 作物学报,2009,35(3):459-466.

［9］戴习林, 刘洁, 李晶晶, 等. 罗氏沼虾种群 SSR 分析中样本量及标记量对遗传多样性指标的影响 ［J］.水产学报,2017,41(7):1083-1095.

[10]金燕,卢宝荣. 遗传多样性的取样策略［J］.生物多样性,2003,11(2):155-161.

[11]黎裕,王天宇,田松杰,等. 利用分子标记分析遗传多样性时的玉米群体取样策略研究[J].植物遗传资源学报,2003,4(4):314-317.

[12]李保印,周秀梅,张启翔. 中原牡丹品种核心种质取样策略研究［J］.河北农业大学学报,2009,32(4):20-25.

[13]刘华,贾继增. 指纹图谱在作物品种鉴定中的应用[J].作物品种资源,1997(2):46-49.

[14]王惠知,毛丽萍,王雨涵,等. 基于最适取样策略的老芒麦种质指纹图谱构建及遗传多样性分析[J].中国草地学报,2021,43(1):1-7.

[15]吴则东,王华忠. 我国甜菜育种的主要方法、存在问题及其解决途径［J］.中国糖料,2011(1):67-70.

[16]许玉凤,朱远英,张志娥,等. 高粱微卫星分析中遗传完整性样本量的确定［J］.华北农学报,2012,27(3):108-114.

[17]杨苗苗,卢萍,刘俊青,等. 裸燕麦种质遗传完整性 SSR 分析中样本量的研究[J].中国草地学报,2017,39(3):31-37+102.

[18]张珊珊,杨文忠,张玉萍,等. 基于 SSR 分析的富民枳样本量对其遗传多样性指标的影响［J］.东北林业大学学报,2017,45(9):35-39+44.

第4章 基于不同分子标记技术的甜菜品种分子身份证的构建及遗传多样性分析

4.1 引言

4.1.1 甜菜品种现状

糖用甜菜(*Beta vulgaris* L.)是苋科甜菜属(*Beta*)的二年生双子叶植物,是温带气候作物,是农业生产中主要栽植的甜菜栽培变种,根多为纺锤形,多汁肥厚,富含糖分。糖用甜菜在全球很多国家的农业中均占据着重要的地位,同时其作为我国糖料作物和北方重要的经济作物之一,主要种植地集中在新疆、内蒙古、甘肃以及东北地区的黑龙江等地,总种植面积和总产量占全国的90%以上。世界上有大约25%的食用白糖是从糖用甜菜中提取的,其每年产糖量约占中国总产糖量的13%,具有广阔的发展前景。

随着中国式现代化社会发展的需求,甜菜的其他用途也被发掘出来了,如甜菜可作为能源作物和生物基工业原料、生产蔗糖,以及经酵母发酵制取乙醇等。甜菜根系较深,常年种植具有促进土壤微生物活动,提高土壤养分和土壤水分吸收效率,减少风与水对土壤的侵蚀等积极作用。种植甜菜的用水量是种植甘蔗的五分之一,有助于解决我国现今土地和水资源紧缺的难题,符合我国走绿色可持续发展道路的要求。

虽然近几年在我国"发展现代化农业,种子是基础"的政策影响下,自主选育甜菜品种的数量和质量都有所提高,但仍需进口。根据中国农业农村部公示,截至 2023 年 1 月我国现有甜菜登记品种共 206 个,糖用甜菜品种有 198 个,其中只有 22 个品种是我国自主选育的,176 个品种是从国外引进的,这些品种多数来自荷兰 SES VanderHave 公司、德国 KWS SAAT SE 公司、美国 BETASEED 公司、丹麦 MariboHilleshög ApS 公司和英国 Lion seeds 公司等几个主要的甜菜育种公司。2023 年国内自主选育甜菜品种 22 个,较 2020 年统计的 16 个有所增加。但要真正抓住我国甜菜种子市场发展的先机并掌握主动权,还需加快育种速度,同时需要注重品种种子质量,不能忽略随着种业市场发展而出现的品种张冠李戴或种子假冒伪劣等危害农户利益和育种者权益的问题。因此,开发可以方便快捷地鉴定甜菜品种真实性的技术,有利于品种知识产权保护,同时可以保证品种种子质量,对稳定甜菜种子市场具有重要意义。

4.1.2　品种真实性鉴定常用方法与进展

种子的真实性是指送检种子的品种、种或属与该品种审定/申请登记时所描述的内容对应是否相符,种子的真实性是衡量种子质量的重要指标之一。依据现行的《农作物种子检验规程 真实性和品种纯度鉴定》(GB/T 3543.5—1995)文件,品种真实性可理解为提供检验的品种与进行品种审定/申请登记时所提交文件中记录的品种特征、特性等方面的描述是否相符,包括:(1)品种真实性验证,对比检验供试品种样本与对应的标准样品是否相同;(2)真实性身份鉴定,将供试品种样本与 DNA 指纹数据库对比,确定样本的品种名称。目前鉴定品种真实性的方法有很多,如依据不同的原理大致可分为形态学鉴定、物理化学法鉴定、生化鉴定、分子标记鉴定,依据不同的检验对象可分为种子形态鉴定、幼苗形态鉴定、植株形态鉴定,依据不同的检验场所可分为田间鉴定和室内检测鉴定,等等。

4.1.2.1　形态学鉴定

农作物的形态学鉴定是指根据其形态特征(种子形态,幼苗或植株的根、茎、叶、花、果实等形态)、生长习性和生理特征等对作物品种真实性进行鉴定。该方法需要专业人员根据所检验植物品种种子、幼苗和植株的形态特征、生态特性的异同进行鉴定,是最基本、最简单和最直接的品种鉴定方法。武辉等人分析了 15 个棉花品种(系)幼苗期的特性,鉴定了其耐寒性强弱。刘博文等人以百粒重、种脐颜色/形状、种脐长或种子长、种皮颜色和纹理、子叶颜色、胚根基部斑纹、胚根宽/胚根长等种子表型性状成功鉴定并区分了 14 个野豌豆品种。Amar 等人利用橄榄果实形态学特征成功鉴别了 48 个橄榄品种。李宁等人以 15 个羊角脆甜瓜品种为试验材料,统计分析了种植在两个不同地域的羊角脆甜瓜品种的 17 个形态学性状的变异性并进行了形态学聚类,结果发现两地羊角脆甜瓜品种的变异系数变幅差距不明显,两地聚类结果较一致,均将 15 个品种分成 3 类,为区域有效保存羊角脆甜瓜种质资源、鉴定地方品种纯度和真实性、杂交育种等工作奠定了基础。

但就甜菜的形态学鉴定而言,其在种子形态鉴定方面不具备可行性。原因是甜菜种子的颜色均为黄褐色,除去胚的性状可明显识别外,种子其余表型性状难以识别且差异不明显,同时在我国甜菜实际生产用种中 95% 以上是进口种子,且大部分是进行了包衣或丸粒化处理的单胚种,无法利用种子形态进行真实性鉴定。幼苗或植株形态鉴定是被广泛应用于作物的生长期品种真实性鉴定的方法,是基于植株根的形状、茎的颜色、叶色和叶的大小等特征对品种进行对比,从而鉴定品种真实性的方法,幼苗或植株形态鉴定具有一定的普适性。甜菜不同品种之间的亲缘关系较近,形态学鉴定不仅耗时长,而且准确率较低,但因其在甜菜真实性鉴定的研究中具有一定可行性,一直被应用于甜菜品种(系)鉴定和遗传多样性评价等研究领域。丁刘慧子利用甜菜的 18 个农艺性状对甜菜品种进行鉴定,其利用主成分分析法确定了前 5 个作为核心鉴定性状的主成分,依次为叶色(绿色程度)、叶宽、叶柄长、叶基部宽度及根长,再利用 cos2 值进行分析,成功鉴定了 85 个甜菜品种并进行了分类。利用幼苗或植株形态学对甜菜品种进行鉴定时,对品种真实性和遗传多样性的评估是不完全的,同时由于甜菜遗传距离较窄,其个体之间的性状差异很小,无法精确鉴定遗传差异小的甜菜品种,另外,利用形态学鉴定甜菜品种真实性易受各种环境因素的影响,不是最佳之选。

4.1.2.2 生化鉴定

生化鉴定法是基于植物蛋白质的特异性而进行品种真实性鉴定的一种方

法,主要利用的蛋白质有同工酶和贮藏蛋白,因此鉴定方法可分为同工酶鉴定和蛋白质电泳鉴定,常用的蛋白质分离的方法有淀粉凝胶电泳和聚丙烯酰胺凝胶电泳。

相较于形态学鉴定,生化鉴定法是在作物品种真实性鉴定中较为省时、省力的一种方法,已在玉米、水稻和各类牧草等植物的遗传结构分析、遗传多样性分析、品种真实性鉴定以及指纹图谱构建中得到应用,但在甜菜品种鉴定中尚未有相关研究的报道。陆作楣等人利用 SDS 聚丙烯酰胺凝胶电泳,分析了 62 份杂交籼稻三系和 F_1 代胚乳贮藏蛋白中的总蛋白、醇溶蛋白及谷蛋白样品,结果表明可将双亲和 F_1 代的谷蛋白谱带特征用于品种真实性和纯度鉴定。但生化鉴定也存在不足之处,如蛋白质是结构基因编码的产物,蛋白质表达虽然受环境影响小,但表达结果在一定程度上受作物不同生长发育期、不同器官的影响,所以取自不同生长阶段或器官的蛋白质会存在一定的差异,从而导致鉴定结果不稳定。

4.1.2.3　分子标记鉴定

分子标记技术鉴定是在 DNA 水平上进行鉴定的一种新型方法,其研究范畴包括:DNA 水平上的遗传多样性,DNA 序列差异(DNA 片段差异,单个核苷酸位点差异等)和遗传稳定性等。因此与前两种鉴定方法相比,分子标记技术在 DNA 水平上反映品种间差异,基本不受自然环境气候的影响,可利用分子标记技术对不同的组织器官或在不同的生长发育阶段进行鉴定,同时所开发的大多数分子标记鉴定品种具有明显优势,即具有高度的特异性、专一性、灵敏度和精准性,并且鉴定的效率也得到了提高,是近年来进行品种真实性鉴定时运用最多且快速稳定的方法。截至 2020 年,农业农村部已颁布关于 20 多种作物利用 SSR 标记鉴定品种真实性的方法标准,同时关于我国主要农作物小麦、玉米和水稻利用 SNP 标记鉴定品种真实性的方法标准也通过了最终审核。

因此,分子标记技术作为品种真实性鉴定最有效的手段之一,已得到广泛应用。赵程杰等人利用 26 对 SSR 引物检测 53 个棉花品种的真实性和纯度,发现品种 CS1802 和 ZQ1802 由于群体中单个位点存在杂合而造成其分子遗传纯度很低,分别为 71.74% 和 72.76%,这表明利用 SSR 分子标记技术对棉花品种纯度和真实性进行鉴定,有助于降低棉花品种低代参试的概率,避免发生同一品种重复参试、审定的现象。徐晓明等人利用 48 对 SSR 引物直接对 3 份市场样品和杂交水稻万象优 982 标准样品进行对比分析,发现 2 号样品为"近似品种",利用 SSR 分子标记技术鉴定杂交水稻的真实性有助于打击非法制售假冒伪劣种子和品种套牌侵权等扰乱市场的行为。栗媛等人利用多态性高且带型清晰稳定的 17 对 SSR 引物对 39 个甜菜品种进行扩增,并利用其中 5 对核心引物(LNX38、LNX95、SB06、SSD6、SB13)构建分子身份证,实现了快速、高效鉴定甜菜品种真实性的目的,保护了育种家的权益并维护了甜菜品种市场的秩序。分子标记技术鉴定品种真实性的主要途径是构建 DNA 指纹图谱,即利用特异分子标记扩增不同的目的基因,得到特异性谱带图,再对谱带进行赋值编码,形成品种特有的 DNA 指纹数据,并构建数据库,为此后品种真实性鉴定提供准确对照,具有直观、高效、方便快捷的优点。

4.1.3　分子标记技术研究进展

4.1.3.1　分子标记技术概况

经过几十年的发展,分子标记已开发出 30 多种类型,可根据各种因素分为不同类别:(1)依据基因作用的性质分为显性标记、共显性标记;(2)依据分子标记的检测方法分为基于 DNA 杂交的分子标记和基于 PCR 技术的分子标记;(3)依据分子标记的传递方式分为母体细胞器遗传、父体细胞器遗传、母体核遗传和双亲核遗传。其中一些具有代表性且发展潜力巨大的标记如 RFLP(restriction fragment length polymorphism,限制性内切酶酶切片段长度多态性)、RAPD(random amplified polymorphic DNA,随机扩增多态性 DNA)、SSR(simple sequence repeat,简单重复序列)、DAMD(direct amplification of minisatellite region DNA,定向扩增小卫星 DNA)、SCoT(start condon targeted polymorphism,目标起始密码子多态性)和 SNP(single nucleotide polymorphism,单核苷酸多态性)等都被先后用于各种植物的遗传连锁图谱构建、重要农艺性状基因定位、基因克隆、QTL 定位、遗传多样性分析及品种鉴定等现代遗传育种的各个方面研究中。

4.1.3.2　SSR、RSAP、SCoT 和 DAMD 分子标记技术特点与应用

SSR 是一种基于 PCR 扩增的分子标记技术,由几个核苷酸(一般为一到六个)为重复单位组成的串联重复序列(一般含有十几到几十个不等的核苷酸),分布于植物的整个基因组中,其具有数量丰富、多态性高、共显性遗传、结果稳定和重复性好等优点。Morgante 和 Olivieri 在 1993 年研究植物基因组中的重复序列时,便设计出 SSR 标记,目前 SSR 标记已被应用于许多作物的遗传育种研究,还被国际植物新品种保护联盟写入了分子检测指南中,成为构建作物 DNA 指纹图谱的首选技术。李婧慧等人以 1981 年至 2017 年选育的 150 个新疆棉品种为材料,利用筛选出的 52 对 SSR 核心引物,完成了指纹图谱和二维码分子身份证构建,以此成功鉴定出了 150 个样品品种的真实性和纯度。张瑞平等人对分布于 10 条玉米染色体上的 60 对 SSR 引物进行筛选,最终确定出了 15 对条带清晰的引物,构建了新科 910 品种的指纹图谱,并证明了利用这 15 对引物鉴定其纯度的做法具有可行性和可信度。Santosh 等人从 300 对 SSR 引物中筛选出了 48 对具有明显多态性的引物对 24 个亚洲棉品种的遗传多样性和聚类进行了分析,并确定了 8 对引物来构建 24 个品种的指纹图谱,以此获得了印度常用亚洲棉品种的多样性信息和能鉴定品种的多态性标记。Liu 等人鉴定了茶树全基因组简单序列重复位点并成功开发出了 36 对 SSR 标记,并利用这 36 对 SSR 标记构建了 80 个茶树品种(系)的系统进化树并分析了其遗传背景,接着确定了 5 对 SSR 标记作为构建茶树品种(系)指纹图谱的核心引物组合,成功区分了 80 个茶树品种(系)并构建指了纹图谱,且所开发的 SSR 标记为茶树遗传学和基因组研究以及茶树育种计划提供了宝贵的资源。同时甜菜全基因组测序已完成,且已有学者初步筛选出了 247 对甜菜全基因组的 SSR 引物,在甜菜品种(系)鉴定和指纹图谱构建的研究中具有一定的应用。

RSAP(restriction site amplification polymorphism,限制性位点扩增多态性)是由杜晓华等人基于广泛分布在生物基因组中的限制性内切酶识别位点(限制性位点)而设计的一种 DNA 标记技术。其原理是以限制性位点作为引物的核心序列,然后用 2 条不同核心序列的引物进行配对开展 PCR 扩增实验。该技术是 RFLP 和 AFLP 技术的简化,具有操作简便、多态性丰富、产率高、稳定性和重复性好等优点。与基因测序数据相比,RSAP 技术的时间与经济成本更低。目前

尚未有其应用于甜菜相关研究的报道,但已在其他作物的遗传多样性分析、品种纯度鉴定以及指纹图谱构建等相关研究中得到了验证与应用。左泽彦等人利用3对RSAP引物评价了20个贵州省加工型辣椒的种质资源,发现贵州省加工型辣椒种质间有丰富的遗传多样性,为辣椒品种选育提供了依据。程玮哲分别采用RSAP、CDDP以及SSR分子标记对10个优良无性系杨树进行遗传多样性分析、聚类分析和指纹图谱构建,结果表明RSAP的PIC值最高(PIC值越高表明引物与目标DNA的配对程度越高,相应的差异性也越好),适用于杨树的遗传多样性分析和遗传结构研究。

SCoT是Collard和Mackil于2009年开发的一种基于翻译起始位点(ATG)周围的短保守序列设计的目的基因标记,该标记不仅能获得与性状联系紧密的目的基因,还分布在整个基因组,具有成本低、多态性高、基因靶向性强、基因组丰富等优点,已在包括甜菜在内的各种农作物的遗传多样性分析、指纹图谱构建等各方面研究中得到应用。李进等人筛选出80条SCoT引物,利用其中15条多态性较好、条带清晰且重复性高的引物对36个饲用燕麦进行了扩增并分析了其遗传变异结构,发现36个品种的聚类结构与来源的相关性不高,以及所研究的饲用燕麦品种来源单一,遗传基础较窄。刘若楠利用6条SCoT标记引物对58个山西省小麦品种进行了遗传多样性分析和DNA指纹图谱构建。冯俊彦等人利用43条SCoT引物分析了22份甘薯种质材料和2份野生种(三浅裂野牵牛和三裂叶薯)种质材料间的遗传多样性及遗传关系,结果发现不同物种间的基因交流较少,比较而言,甘薯与三浅裂野牵牛的基因交流更多,遗传关系更近,表明SCoT标记可用于甘薯的进化研究。

DAMD是Heath等人在1993年提出的一种基于分布在整个基因组中的单引物扩增反应(single primer amplification reaction, SPAR)的分子标记方法。DAMD是从野生水稻品种的保存基因区域的重复序列中选择出来的,通常有约20个核苷酸,具有多态性高、可重复的特点。DAMD已被用于包括甜菜在内的多种植物的遗传育种研究。Misra等人利用15条ISSR(inter-simple sequence repeat,简单重复序列中间区域)引物、7条DAMD引物,研究了属于5个类群的51个印度丝瓜栽培种基因型和野生种基因型间的遗传变异及相互关系,同时进行UPGMA(unweighted pair group method with airthmetic mean)聚类分析,发现组合标记数据的UPGMA树状图将五个类群分解为两个主要聚类,与形态聚类具有较高的相关性,证明了一个以上的 DNA 标记更能有效评估遗传基础较窄的物种多样性。Saghir 等人利用 ISSR 和 DAMD 标记评估摩洛哥野生蔷薇属种质的遗传多样性,结果表明所使用的两种标记在评估野生蔷薇遗传多样性方面具有良好的效率。

4.1.3.3　分子标记技术在甜菜品种真实性鉴定中的应用

利用分子标记技术建立一套能快速、有效鉴定甜菜品种真实性的技术体系对指导生产和稳定种子市场发展具有积极意义,且近年来已有一些关于利用分子标记技术进行构建品种指纹图谱并鉴定甜菜品种真实性的研究报道。吴则东从 101 对 SSR 引物中筛选出了 29 对带型清晰的引物,并利用其中 3 对引物成功鉴定并构建了 46 个甜菜品种的指纹图谱。齐少玮等人从 100 条 ISSR 引物中选出 4 条对 39 个甜菜品种进行扩增分析,利用其中 2 条构建了指纹图谱且成功鉴定了其真实性。闫彩燕等人以 17 个甜菜品种为材料,使用 2 对 SRAP 引物便成功区分并构建了指纹图谱,为快速鉴定甜菜品种真实性和纯度提供了新思路和方法。邴植等人的研究表明,SCoT 引物中的 SCoT12 和 SCoT21 能单独鉴定 15 个甜菜品种。丁刘慧子等人筛选出 29 条 DAMD 引物,利用获得的 8 条高多态性的引物扩增 40 个甜菜品种,发现引物 URP6R、URP1F 与 URP17R 结合使用可鉴别 40 个甜菜品种,表明利用 DAMD 引物构建指纹图谱是高效鉴定甜菜品种真实性的方法。丁刘慧子等人利用 20 对多态性高、重复性好的 SSR 核心引物成功分析了 107 个甜菜品种的遗传多样性并构建出了指纹图谱。王宇晴等人利用 22 对 SSR 引物分析 111 个甜菜品种的遗传多样性,并利用 6 对优质引物构建了 111 个甜菜品种的 DNA 分子身份证二维码。说明在甜菜品种真实性鉴定研究中已开发了数种分子标记技术,其中被运用最多的是 SSR 标记。

综上所述,目前运用分子标记技术鉴定甜菜品种真实性的研究中,大多数都是利用单一分子标记进行分析的,但每个分子标记各有优缺点,单一运用不能快速、全面地分析甜菜品种真实性。如运用最多的 SSR 标记,虽然其多态性好、稳定性好,但利用 SSR 引物鉴定数量较多品种时所需的引物数量较多。同时有研究表明,分子标记组合分析的结果更可靠、全面。吕志华等人研究了 RSAP、SSR 以及 SRAP 标记单独分析和组合分析 15 份马铃薯种质材料的遗传多样性,结果发现利用分子标记组合分析能更好地评估马铃薯种质的遗传多样性和亲缘关系。陈思羽等人利用 SCoT 和 CBDP 标记联合检测了 94 个沃柑实生单株与 2 个沃柑单株的遗传变异度,发现多种分子标记组合分析能弥补标记存在的缺点或因引物数量不足所引起的分析误差,得到更可靠的聚类结果。一个以上的 DNA 标记更能有效评估遗传基础较窄的物种多样性,有助于鉴定遗传距离较近的品种。因此,可将多态性高、稳定性好的分子标记组合分析,能更高效、更全面地分析品种(系)的遗传多样性和群体结构,有助于快速、高效地鉴定甜菜品种真实性。

4.1.4 DNA 指纹图谱研究

DNA 指纹图谱是建立在 DNA 分子水平上,利用不同的分子标记技术识别生物体内一些高变异性的 DNA 序列作为区分生物个体的一种方法,各种基因的差异如同"指纹"一样,具有唯一性。目前对电泳图谱进行数字统计常见的形式有:一是基于电泳条带图谱记录,直接以凝胶电泳得到的扩增谱带转换成由"0、1"构成的数据集表示品种的指纹信息;二是在 0、1 数字编码基础上加入引物名称和扩增片段的长度信息,同时与图片结合;三是基于互联网发展的新型图谱构建形式——电子分子身份证即将得到的带型图谱进行人工数字化编码后,输入特定网站,再以二维码、条形码的方式呈现。这种用分子标记建立 DNA 指纹图谱的形式与其他形式的指纹图谱(化学指纹图谱、同工酶指纹图谱等)相比,具有更高的效率和更好的稳定性,且可以在大规模品种鉴定中使用,适用于数量较多的品种真实性鉴定的研究。

集合不同品种 DNA 指纹以建立 DNA 指纹库,目前已在各种作物中开展这项工作,DNA 指纹库可分成标准 DNA 指纹库(需要可靠的标准样品、一套固定的核心引物和统一的标准化程序)和非标准 DNA 指纹库(对样品、建库方案的局限性小)。随着互联网的发展与普及,建立品种标准 DNA 指纹库和指纹数据对比服务平台网站,即建立 DNA 数据化管理系统,实现数据共享,是在万物数字信息化的时代背景下,实现品种真实性快速鉴定的发展趋势,但目前我国能实际应用该技术的作物只有玉米。

目前在构建甜菜品种指纹图谱研究方面得到应用的分子标记有 SRAP、SSR、ISSR、DAMD 和 SCoT 等,这些标记均能通过各自特有的途径找出甜菜品种基因组内高变异性的 DNA 序列,再以凝胶电泳谱带的形式呈现变异的 DNA 序列,从而得到甜菜品种的特异指纹。构建 DNA 指纹图谱时已探索多种数据采集方式,几年来运用较多的是电子分子身份证,但没有确定标准化的构建方式。

4.1.5　研究目的与意义

甜菜作为我国重要的糖料作物和北方重要的经济作物之一,目前实际应用于我国甜菜生产中的种子 95% 以上仍然依赖于进口。种子市场上偶有出现品种张冠李戴、品种纯度不够等危害农户利益和育种者权益的问题,并且每年市场上都会有新增的甜菜品种,所以发展能够方便、快捷地鉴定甜菜品种真实性的技术,对稳定甜菜种子市场具有重要意义。其中分子标记技术是可以快速鉴定甜菜品种真实性的有效手段之一,分子标记技术在 DNA 水平上直接反映遗传物质的变异,能更精准地揭示出甜菜品种间、品种内的差异,同时不受外界环境条件的影响,可以在甜菜生长发育的各个阶段对品种真实性进行检测。DAMD、SCoT、RSAP 以及 SSR 标记是近年来在甜菜及其他作物的品种真实性鉴定研究中得到较好应用的分子标记,每种分子标记都有其独特的优点且分别覆盖甜菜基因组的不同区域,但单一分子标记的运用不能快速、全面地鉴定甜菜品种的真实性。有研究表明,分子标记组合能更高效、更全面地理解品种或种质的遗传多样性和群体结构,有助于快速、准确鉴定甜菜品种真实性。目前尚未有将分子标记组合用于甜菜品种真实性研究的相关报道。

针对现今甜菜种子市场上出现的品种张冠李戴或者纯度不够的问题,通过形态学鉴定耗时长、准确率低,且浪费人力物力,同时单一分子标记各有优缺点,存在不能全面分析甜菜品种遗传变异性与遗传结构,不能实现准确且快速鉴定品种真实性等问题。本章利用 DAMD、SCoT、RSAP 以及 SSR 分子标记对搜集到的已在我国登记的 111 个国内外甜菜品种间的遗传多样性和群体结构进行分析,最终确定最优核心引物,最优鉴定程序,以及更直观、更易于标准化的数据采集方式来构建甜菜品种的 DNA 指纹图谱,建立一套方便、高效鉴定甜菜品种真实性的体系方法,以此达到提高甜菜品种真实性鉴定的速度、准确率和节省成本的目的。

甜菜品种真实性的快速鉴定为后续建立甜菜品种标准 DNA 指纹数据信息

平台奠定基础,从而实现数据共享,便于相关研究机构和执法者对市场现行甜菜品种的快速检索和对比,促进我国甜菜品种市场规范化,同时对种质资源管理、遗传改良育种和新品种选育具有重要的理论和科学意义。

4.1.6 主要研究内容

利用分子标记组合对课题组搜集到的 111 个甜菜品种的标准样品进行遗传多样性分析、聚类分析及群体结构分析,构建甜菜品种的 DNA 指纹图谱并鉴定其品种真实性。

4.1.7 技术路线

本章首先基于实验室前人经验选择最优的甜菜 DNA 提取方案,确保提取 DNA 的质量;再利用 8 个来自不同育种公司或机构的甜菜品种对 58 对 SSR、45 对 RSAP、8 条 DAMD 和 16 条 SCoT 引物进行筛选,筛出条带清晰易识别、多态性好的核心引物,将各标记的核心引物组合利用;接着利用已筛选出的 RSAP 核心引物对其 PCR 扩增程序进行优化,比较琼脂糖凝胶电泳和非变性聚丙烯酰胺凝胶电泳对扩增产物分离检测的效果,选出条带显示更清晰、分辨率更高的方法,同时优化显影方法,确定最优的检测程序;最后利用得到的 SCoT、DAMD、RSAP 和 SSR 核心引物以及最优检测程序对 111 个甜菜品种进行遗传多样性分析、聚类分析及群体结构分析,并用直观、易于标准化的数据采集方式来构建甜菜品种 DNA 指纹图谱。最终建立一套可以方便、高效地鉴定甜菜品种真实性的体系。本章的技术路线图如图 4-1 所示。

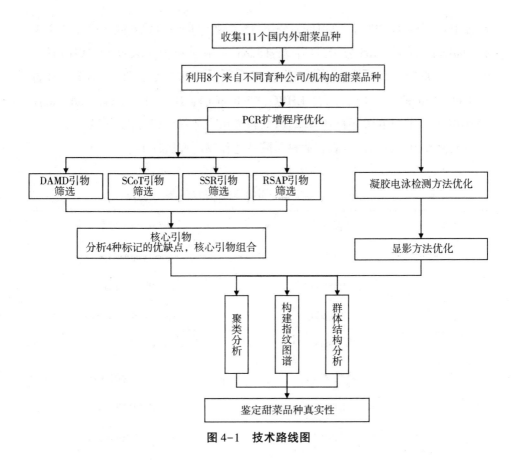

图 4-1　技术路线图

4.2　材料与方法

4.2.1　试验材料

选择 8 个来自 SES VanderHave、BETASEED、MariboHilleshög ApS、KWS SAAT SE 和吉林省农业科学院的甜菜品种作为核心引物筛选的供试材料,品种材料由全国农业技术推广服务中心提供。品种详细信息见表 4-1。

111 个供试甜菜品种材料由全国农业技术推广服务中心提供,包括 97 个从国外引进的品种,14 个国内自育品种,品种详细信息见表 4-2。111 个供试甜菜品种中 45 个来自 SES VanderHave 公司;15 个来自 KWS SAAT SE 公司;13 个来自 MariboHilleshög ApS 公司;11 个来自 Lion seeds 公司;9 个来自 BETASEED 公司;6 个来自新疆农业科学院经济作物研究所;4 个来自黑龙江大学;2 个来自 V-Field Agro-Tech B. V;来自 KHBC、Wielkopolska Hodowla Buraka Cukrowego (WHBC)、武威三农种业科技有限公司、张掖市农业科学研究院、石河子农业科学研究院和内蒙古自治区农牧业科学院特色作物研究所各 1 个。

表 4-1 8 个核心引物筛选的甜菜品种

编号	品种名	育种公司/机构
1	SV1434	SES VanderHave
2	BTS8430	BETASEED
3	MA3005	MariboHilleshög ApS
4	KWS1197	KWS SAAT SE
5	吉洮单 1213	吉林省农业科学院
6	BTS8840	BETASEED
7	HI0479	MariboHilleshög ApS
8	KWS3354	KWS SAAT SE

表 4-2 111 个甜菜登记品种

编号	品种名	育种公司/机构	父本、母本	胚性
1	AK3018	V-Field Agro-Tech B. V	M-020 * P2-4850	单胚
2	BETA176	BETASEED	BTS MS94897 * BTS P92358	单胚
3	BETA468	BETASEED	BTS MS92033 * BTS P94321	单胚
4	BETA796	BETASEED	BTS MS94213 * BTS P90127	单胚
5	BTS2730	BETASEED	675JF17 * 085S11	单胚

续表

编号	品种名	育种公司/机构	父本、母本	胚性
6	BTS2860	BETASEED	6BJ4873 * 7BR0770	单胚
7	BTS5950	BETASEED	716BJ48 * 215PN10	单胚
8	BTS8840	BETASEED	221JF13 * 031S-11	单胚
9	Flores	Maribohilleshög ApS	M-020 * P2-07	单胚
10	GGR1609	WHBC	1DM905 * SI.09.05	单胚
11	H003	SES VanderHave	SVDH MS2543 * SVDH POL4779	单胚
12	H004	SES VanderHave	SVDH MS2555 * SVDH POL4883	单胚
13	H7IM15	SES VanderHave	SVDH MS2547 * SVDH POL4894	单胚
14	H809	SES VanderHave	SVDH MS2540 * SVDH POL4772	单胚
15	HDTY02	黑龙江大学	Dms2-1 * WJZ02	单胚
16	HI0474	MariboHilleshög ApS	MS06201 * POLL40200	单胚
17	HI0479	MariboHilleshög ApS	MS304 * POLL0179	单胚
18	HI0936	MariboHilleshög ApS	MS428 * POLL407	单胚
19	HI1003	MariboHilleshög ApS	MS310 * POLL0103	单胚
20	HI1059	MariboHilleshög ApS	MS057 * POLL0402	单胚
21	HX910	SES VanderHave	SVDH MS2532 * SVDH POL4889	单胚
22	IM1162	SES VanderHave	SVDH MS2551 * SVDH POL4830	单胚
23	IM802	SES VanderHave	SVDH MS8835 * SVDH POL4736	单胚
24	KTA1118	KHBC	FMS12-1 * FD12-9	单胚
25	KUHN1001	SES VanderHave	KUHN MS0348 * KUHN POL1129	单胚
26	KUHN1178	SES VanderHave	MS5335 * KUHN POL 9933	单胚

续表

编号	品种名	育种公司/机构	父本、母本	胚性
27	KUHN1260	SES VanderHave	KUHN MS5353 * KUHN POL9930	单胚
28	KUHN1277	SES VanderHave	KUHN3565 * KUHNPOL9019	单胚
29	KUHN1280	SES VanderHave	KUHN MS5654 * KUHN POL9989	单胚
30	KUHN1357	SES VanderHave	KUHN MS5361 * KUHN POL9940	单胚
31	KUHN1387	SES VanderHave	MS3718 * POL4721	单胚
32	KUHN4092	SES VanderHave	KUHN MS5376 * KUHN POL9955	单胚
33	KUHN5012	SES VanderHave	MS3537 * POL4771	单胚
34	KUHN8060	SES VanderHave	KUHN MS5640 * KUHN POL9978	单胚
35	KUHN9046	SES VanderHave	KUHN MS5630 * KUHN POL9969	单胚
36	KWS1176	KWS SAAT SE	KWS MS9266 * KWS P9082	单胚
37	KWS1197	KWS SAAT SE	KWS MS9839 * KWS P9057	单胚
38	KWS1231	KWS SAAT SE	KWS MS9653 * KWS P9150	单胚
39	KWS2314	KWS SAAT SE	KWS MS9984 * KWS P9091	单胚
40	KWS3354	KWS SAAT SE	0JF1612 * 1RV7106	单胚
41	KWS3410	KWS SAAT SE	0JF1606 * 1RV7101	单胚
42	KWS4502	KWS SAAT SE	1JF1759 * 1S1103	单胚
43	KWS5599	KWS SAAT SE	1EP1430 * 1S_1103	单胚
44	KWS6661	KWS SAAT SE	3JF1881 * 3RV6362	单胚
45	KWS7125	KWS SAAT SE	4J1981 * 7S1104	单胚
46	KWS9147	KWS SAAT SE	KWS MS9351 * KWS P8907	单胚
47	LN1708	Lion seeds	1QM1n,0DM78n * EE241	单胚

续表

编号	品种名	育种公司/机构	父本、母本	胚性
48	LN17101	Lion seeds	1QM1n,0DM78n * SI2642	单胚
49	LN80891	Lion seeds	1F17D78.1 * RMSF1	单胚
50	LS1210	Lion seeds	1FC607 * RM9920	单胚
51	LS1216	Lion seeds	1FC700 * SI.9921	单胚
52	LS1318	Lion seeds	SI.55.92 * 1FCDM7	单胚
53	LS1321	Lion seeds	RZM.899.21 * F1DM90.78	单胚
54	LS1805	Lion seeds	1QM1,0DM78 * EE241	单胚
55	MA097	MariboHilleshög ApS	M-020 * P2-33	单胚
56	MA104	MariboHilleshög ApS	M-020 * P2-69	单胚
57	MA10-6	MariboHilleshög ApS	M-023 * P2-31	单胚
58	MA11-8	MariboHilleshög ApS	M-024 * P2-32	单胚
59	MA2070	MariboHilleshög ApS	M-026 * P2-35	单胚
60	MA3001	MariboHilleshög ApS	M-020 * P2-35	单胚
61	MA3005	MariboHilleshög ApS	M-027 * P2-36	单胚
62	MK4044	SES VanderHave	M5774 * POL9418	单胚
63	MK4062	SES VanderHave	KUHN MS5378 * KUHN POL9958	单胚
64	MK4085	SES VanderHave	KUHN MS5375 * KUHN POL9954	单胚
65	MK4162	SES VanderHave	KUHN MS5386 * KUHN POL9962	单胚
66	NT39106	内蒙古自治区农牧业科学院特色作物研究所	N9849 * (R-Z1 * HBB-1)	单胚
67	RIVAL	SES VanderHave	TM6102 * TD6202	单胚
68	SR-411	SES VanderHave	SVDH MS2537 * SVDH POL4771	单胚

续表

编号	品种名	育种公司/机构	父本、母本	胚性
69	SR496	SES VanderHave	SVDH MS2542 * SVDH POL4773	单胚
70	SS1532	石河子农业科学研究院	MsFD4 * SNH1-11	单胚
71	SV1366	SES VanderHave	SVDH MS2562 * SVDH POL4900	单胚
72	SV1375	SES VanderHave	M5675 * POL9923	单胚
73	SV1433	SES VanderHave	SVDH MS2556 * SVDH POL4887	单胚
74	SV1434	SES VanderHave	SVDH MS2558 * SVDH POL4884	单胚
75	SV1555	SES VanderHave	MS 2536 * SVDH POL 4892	单胚
76	SV1588	SES VanderHave	SVDH MS2563 * SVDH POL4901	单胚
77	SV1752	SES VanderHave	SVDH MS2564 * SVDH POL4908	单胚
78	SV893	SES VanderHave	M5724 * POL9438	单胚
79	SX1511	SES VanderHave	SX MS3159 * SX POL6773	单胚
80	SX1512	SES VanderHave	SX MS3162 * SX POL6771	单胚
81	SX1517	SES VanderHave	SX MS3262 * SX POL6171	单胚
82	SX181	SES VanderHave	SVDH MS2388 * SVDH POL2329	单胚
83	VF3019	V-Field Agro-Tech B. V	M028 * P2-4260	单胚
84	XJT9907	新疆农业科学院经济作物研究所	JTD201A * M39-8-4	单胚
85	航甜0919	黑龙江大学	TH8-85 * TH5-207	单胚
86	BETA240	BETASEED	BTS MS91039 * BTS P93123	多胚
87	BTS705	BETASEED	022EX42 * 862RW62	多胚
88	CH0612	SES VanderHave	MSBCL-8 * PC28	多胚
89	Elma1214	Lion seeds	SI2. 26 * RM77. 20. 2	多胚

续表

编号	品种名	育种公司/机构	父本、母本	胚性
90	KUHN1125	SES VanderHave	HJM04 * IM006	多胚
91	KUHN8062	SES VanderHave	KUHN Ms5641 * KUHN Pol9980	多胚
92	KUHN814	SES VanderHave	MSBc1 * MSF1	多胚
93	KWS0469	KWS SAAT SE	0469MS * 0469P	多胚
94	KWS3928	KWS SAAT SE	9J1950 * 1BT4703	多胚
95	KWS3935	KWS SAAT SE	0J1825 * 1BT4703	多胚
96	KWS9442	KWS SAAT SE	KWS MS9326 * KWS P8840	多胚
97	LN90909	Lion seeds	RM799.257 * SI3.28	多胚
98	LN90910	Lion seeds	CQM10DM78.2 * RMSF10B	多胚
99	MK4187	SES VanderHave	KUHN MS5389 * KUHN POL9965	多胚
100	PJ1	SES VanderHave	KUHN M-977 * KUHN P-9912	多胚
101	SV2085	SES VanderHave	SVDH MS2569 * SVDH POL4909	多胚
102	XJT9908	新疆农业科学院经济作物研究所	JT203A * R1-2-2	多胚
103	XJT9909	新疆农业科学院经济作物研究所	JT204A * RN02	多胚
104	XJT9911	新疆农业科学院经济作物研究所	BR321 * KM84	多胚
105	ZT6	张掖市农业科学研究院	006ms-83 * 抗4	多胚
106	爱丽斯	SES VanderHave	MS 3250 * POL 7352	多胚
107	甘糖7号	武威三农种业科技有限公司	MS2007-2A * P2007	多胚
108	甜研208	黑龙江大学	DP23 * DP24	多胚
109	甜研312	黑龙江大学	03408 * 03210	多胚
110	新甜14号	新疆农业科学院经济作物研究所	M9304 * (Z-6+7267)	多胚

续表

编号	品种名	育种公司/机构	父本、母本	胚性
111	新甜 15 号	新疆农业科学院经济作物研究所	7208−2 ＊ B63	多胚

4.2.2　试验仪器和试剂

4.2.2.1　主要仪器

试验所用主要仪器见表 2-2。

4.2.2.2　主要试剂

试验所用主要试剂见 2.2.4。

4.2.3　试验方法

4.2.3.1　DNA 提取

根据王宇晴等人确定的鉴定甜菜品种的最优取样策略进行取样,即每个甜菜品种取 10 株苗的幼嫩部分组成混合样本,利用改良的 CTAB 法提取 DNA,并利用 Thermo NanoDrop 2000c 超微量紫外可见分光光度计对 DNA 的纯度及浓度进行测定,将合格样品(OD_{260}/OD_{280} 为 1.8 ~ 2.0)用 ddH_2O 稀释成浓度为 10 ng/μL 的溶液,置于 4 ℃环境中保存备用,并将 DNA 母液存放于−20 ℃的环境中。

4.2.3.2　引物筛选

试验所用 SSR、DAMD 和 SCoT 引物序列来源于黑龙江大学甜菜遗传育种重点实验室及相关研究文献。RSAP 分析所用的 10 条引物序列均为杜晓华等人在辣椒优良自交系鉴定试验中所设计合成的。所有引物均由上海生工生物工程技术服务有限公司合成,纯化方式选择 HAP。

　　利用 8 个甜菜品种初步筛选 58 对 SSR、45 对 RSAP(两条核心序列不同的 RSAP 引物配对)、8 条 DAMD 以及 16 条 SCoT 引物,所有引物信息见附录。根据扩增结果筛选出多态性高、条带清晰的核心引物,用于 111 个甜菜品种的遗传多样性分析、群体结构分析和 DNA 指纹图谱构建。

4.2.3.3　分子标记 PCR 扩增

　　4 种分子标记 SSR、RSAP、DAMD 和 SCoT 的 PCR 反应体系总体积均为 5 μL,包含各引物总量均为 0.4 μL(SSR、RSAP 正反引物各 0.2 μL, 10 pmol/L),2×MIX(2 * Rapid Taq Master Mix)2.5 μL,基因组 DNA 1 μL (10 ng/μL),最后用 ddH$_2$O 补全。

　　分子标记 SSR、DAMD、SCoT 的 PCR 扩增反应程序条件以及需要优化的 RSAP-PCR 扩增反应程序条件见表 4-3、表 4-4、表 4-5、表 4-6 及表 4-7。

表 4-3　SSR - PCR 扩增反应程序

步骤	温度/℃	反应时间	循环
预变性	94	3 min	1 次
变性	94	15 s	
复性	55/58/60	15 s	35 次
延伸	72	30 s	
再延伸	72	5 min	1 次
保存	4	∞	

表 4-4　SSR-Touchdown PC 扩增反应程序

步骤	温度/℃	反应时间	循环
预变性	94	3 min	1 次
变性	94	15 s	
复性	65~56	15 s	1℃/2 次
延伸	72	30 s	
变性	94	15 s	
复性	55	15 s	20 次
延伸	72	30 s	
再延伸	72	5 min	1 次
保存	4	∞	

表 4-5　DAMD-Touchdown PCR 扩增反应程序

步骤	温度/℃	反应时间	循环
预变性	94	3 min	1 次
变性	94	15 s	
复性	65~56	15 s	1℃/2 次
延伸	72	30 s	
变性	94	15 s	
复性	55	15 s	15~20 次
延伸	72	30 s	
再延伸	72	5 min	1 次
保存	4	∞	

表4-6　SCoT-Touchdown PCR 扩增反应程序

步骤	温度/℃	反应时间	循环
预变性	94	3 min	1 次
变性	94	15 s	
复性	65～56	15 s	1℃/2 次
延伸	72	30 s	
变性	94	15 s	
复性	55	15 s	15～20 次
延伸	72	30 s	
再延伸	72	5 min	1 次
保存	4	∞	

表4-7　RSAP-PCR 扩增反应程序

步骤	温度/℃	反应时间	循环
预变性	94	3～5 min	1 次
变性	94	15 s ～1 min	
复性	35	15 s ～1 min	5 次
延伸	72	30s ～1.5 min	
变性	94	15 s ～1 min	
复性	52～55	15 s ～1 min	35 次
延伸	72	30s ～1.5 min	
再延伸	72	5～10 min	1 次
保存	4	∞	

4.2.3.4 扩增产物电泳检测

参照实验室前人试验,SCoT、DAMD 和 SSR 标记核心引物的 PCR 扩增产物,可利用 6%(SCoT)和 8%(SSR 和 DAMD)的非变性聚丙烯酰胺凝胶电泳进行分离检测。RSAP 标记则因未有应用于甜菜相关研究的报道,其检测方法需要进行一定的优化。参照相关文献,发现 6%、8% 的非变性聚丙烯酰胺凝胶电泳和 1.5% 琼脂糖凝胶电泳都可用于分离检测 RSAP - PCR 扩增产物,因此同时利用多种检测方法对甜菜 RSAP - PCR 扩增产物进行检测,对比分析,从而确定最优检测方法。具体方法如下。

(1)6%、8%非变性聚丙烯酰胺凝胶电泳大致可分成制胶、电泳、显影三个步骤。

制胶:制备总体积为 40 mL(刚好为一个 DYCZ-30C 型垂直电泳槽架子的用量)的工作液,各试剂配比及具体用量见表 4-8,快速搅拌并灌入提前准备好的玻璃板间,插入梳齿,静置 5~10 min 凝固。

电泳:将 0.5×TBE 缓冲液导入 DYCZ-30C 型垂直电泳槽中,拔出梳齿并点样,点样量为 1.2~1.5 μL,接通电源,180 V 电压下电泳 90 min。

显影:显影有核酸染料泡染和银染泡染两种方法。核酸染料泡染:向 20 μL G-red 核酸染料中加入 200 mL 蒸馏水,用摇床摇 5~10 min;银染参照丁刘慧子基于形态学和 SSR 标记对甜菜品种进行特异性鉴定的做法进行。核酸染料泡染后需用 G：BOX 凝胶成像仪观察、照相记录,以便数据统计与分析。

表 4-8 6%、8%非变性聚丙烯酰胺凝胶工作液

试剂	6%非变性聚丙烯酰胺凝胶	8%非变性聚丙烯酰胺凝胶
40% 丙烯酰胺溶液（19∶1）	6 mL	8 mL
10×TBE	4 mL	4 mL
10%AP（过硫酸铵）	400 μL	400 μL
TEMED	40 μL	40 μL
ddH$_2$O	30 mL	28 mL

（2）1.5% 琼脂糖凝胶电泳：先称取琼脂糖（1.5 g），倒入 250 mL 的锥形瓶中，再加入 1×TAE 缓冲液（100 mL）混合，接着用微波炉加热（1~3 min），使琼脂糖充分溶于 TAE 缓冲液中；取出摇匀，冷却后再加入核酸染料（3~5 μL）；倒入备好的胶槽中，凝固后拔下梳齿置于 JY - SPAT 水平电泳槽内，保证电泳缓冲液的液面没过凝胶，接着点入 5 μL PCR 产物与 Marker，130 V 电压下电泳 30~40 min。最后用 G：BOX 凝胶成像仪观察、照相记录，以便数据统计与分析。

4.2.3.5　数据分析

首先以人工读带方式，利用二进制方法进行扩增条带数据统计，以"1"表示在同一迁移位置上清晰稳定的条带，"0"表示无条带或弱带，记录并生成"0、1"数据矩阵。再利用 Quantity One 软件（Bio-Rad）以 Marker 条带大小为标准，估算每个甜菜品种在不同引物中所扩增出的条带位点的分子量大小。

利用 POPGENE 1.32 软件计算所用核心引物的观测等位基因数、有效等位基因数、Nei's 基因多样性指数、香农信息指数；计算多态性信息量、D（鉴别力指数）则利用软件 IMEC 完成。利用软件 MEGA11 估算 111 个甜菜品种间 Nei's 遗传距离，并据此用邻接法（neighbor-joining method, NJ）进行聚类分析，接着将分析结果传到在线软件 iTOL 上绘制聚类图并美化。使用 Structure 2.3.4 软件中的贝叶斯聚类模型对 111 个甜菜品种的群体结构进行分析，首先预设运算参数为：群体分组数（K）范围为 2~8，每个 K 值重复运算 10 次，10 000 次的预迭代长度（length of burn-in period），100 000 次的马尔科夫链重复（number of MCMC reps after burn-in），再将运算结果的压缩包上传到在线软件 Structure Harvester 预估最佳 K 值。

4.3 结果与分析

4.3.1 核心引物筛选

4.3.1.1 SSR核心引物筛选

利用8个(SV1434、BTS8430、MA3005、KWS1197、吉洮单1213、BTS8840、HI0479、KWS3354)来自5个育种公司/机构的甜菜品种,对所选58对SSR引物进行筛选。初步选择16对(2170、2305、11965、14118、17623、17923、18963、24552、26391、27906、BQ588629、L47、L7、SSD6、TC122、TC55)条带清晰、多态性高的SSR引物。16对引物在8个品种的样本中共扩增出条带106条,其中多态性条带有99条,占比为93.4%,其中10对(2170、2305、11965、14118、17623、L47、L7、SSD6、TC122和TC55)(图4-2)SSR引物扩增的条带清晰且易识别,多态性丰富,稳定性好,可作为核心引物备用。

4.3.1.2 SCoT核心引物筛选

利用8个来自5个育种公司/机构的甜菜品种,对选用的15条SCoT引物进行筛选,最终确定SCoT12和SCoT13(图4-2)核心引物备用,这2条扩增出的条带清晰,多态性丰富且易识别。

4.3.1.3 DAMD核心引物筛选

利用8个来自5个育种公司/机构的甜菜品种,对选用的7条DAMD引物进行筛选,核心引物的筛选遵循扩增条带清晰、多态性丰富且易识别的原则,最终确定2条DAMD引物URP2R和URP6R(图4-2)备用。

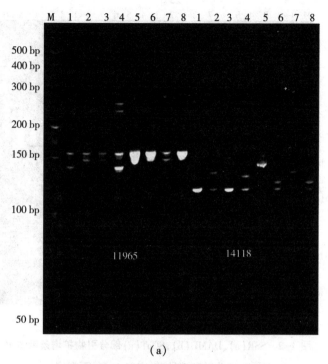

（a）

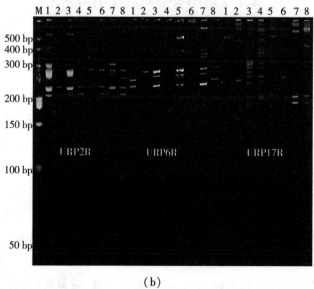

（b）

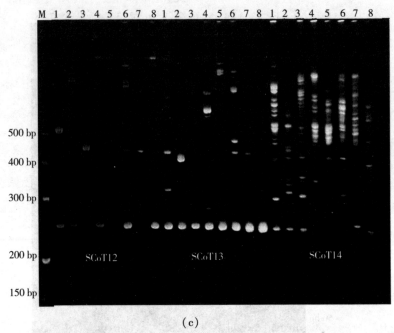

图4-2　SSR(a)、DAMD(b)、SCoT(c)部分引物扩增条带情况

注:1~8为品种编号(对应表4-1),下图同。

4.3.1.4　RSAP 核心引物筛选

以8个来自5个育种公司或机构的甜菜品种的基因组DNA为模板,以2条核心序列不同的RSAP引物进行组合配对(共45对)并进行PCR扩增。利用6%非变性聚丙烯酰胺凝胶电泳进行引物初步筛选。筛选出18对条带清晰、多态性较好的RSAP引物,扩增出条带总数为315条,平均每对引物扩增出条带17.5条。总多态性条带数为273条,总的多态性位点占比为86.7%,各引物多态性条带数为8~22条,平均每对引物的多态性条带数为15.2条。其余RSAP引物对PCR扩增出的条带不清晰,难以识别,杂带多,多态性低或无多态性,表明这些引物对在甜菜中表现出较差的特异性。基于筛选到的18对多态性较高的引物,再遵循扩增条带清晰易识别、多态性丰富、重复性好的复筛原则,最终确定6对核心引物组合:Rs1/Rs3、Rs1/Rs7、Rs2/Rs3、Rs5/Rs10、Rs6/Rs7 和 Rs7/Rs9,其中 RSAP 引物组合 Rs7/Rs9 的多态性扩增位点占比最高,为

95.7%,多态性条带数也最多,为 22 条。

综上所述,利用 8 个甜菜品种初步对 58 对 SSR、45 对 RSAP、8 条 DAMD 和 16 条 SCoT 引物进行筛选,根据扩增结果筛选出多态性好且条带清晰易识别的 10 对 SSR、6 对 RSAP、2 条 DAMD 以及 2 条 SCoT 共 20 个核心引物,这些核心引物可用于后续对 111 个甜菜品种的遗传多样性分析、群体结构分析及 DNA 指纹图谱构建的研究。

4.3.2 PCR 反应程序与检测方法优化

4.3.2.1 PCR 反应程序优化

参照范定臣等人用于皂荚的 RSAP - PCR 扩增程序,对甜菜 RSAP - PCR 扩增程序进行了优化。经过反复试验,最终确定最适于甜菜品种鉴定的 RSAP-PCR 扩增程序(见表 4-9)。

表 4-9 RSAP - PCR 反应程序(两步法)

步骤	温度/℃	反应时间	循环
预变性	94	3 min	1 次
变性	94	15 s	
复性	35	15 s	5 次
延伸	72	30 s	
变性	94	15 s	
复性	52	15 s	35 次
延伸	72	30 s	
再延伸	72	5 min	1 次
保存	4	∞	

4.3.2.2 检测方法优化

分别利用 6%、8% 的非变性聚丙烯酰胺凝胶电泳和 1.5% 的琼脂糖凝胶电泳对筛选出的核心引物进行分离检测。对比 Rs1/Rs7、Rs2/Rs3 引物组合 6% 和 8% 的非变性聚丙烯酰胺凝胶电泳(图 4-3)、1.5% 琼脂糖凝胶电泳(图 4-4)的效果图,发现利用不同的电泳检测方法均能分离出清晰、可识别的条带,但分离出的条带总数和多态性条带数不同,相比之下,非变性聚丙烯酰胺凝胶电泳检测分离出的总条带数和多态性条带数明显多于琼脂糖凝胶电泳。如表 4-10 所示,6 对 RSAP 核心引物的扩增产物在 1.5% 琼脂糖凝胶电泳中共分离出 36 条多态性条带;而在非变性聚丙烯酰胺凝胶电泳检测中,6% 的非变性聚丙烯酰胺凝胶电泳分离出 111 条多态性条带,8% 的非变性聚丙烯酰胺凝胶电泳共分离出 73 条多态性条带。不同检测方法分离出扩增产物的多态性条带数中,6% 非变性聚丙烯酰胺凝胶电泳检测到的最多,是 8% 非变性聚丙烯酰胺凝胶电泳检测到的 1.5 倍左右,是 1.5% 琼脂糖凝胶电泳检测方法的 3 倍左右,说明非变性聚丙烯酰胺凝胶电泳检测的分离率更高,琼脂糖凝胶电泳分离率低,且出现部分条带无法显现的情况。

综上所述,6% 的非变性聚丙烯酰胺凝胶电泳检测分离 RSAP-PCR 扩增产物的效果最好,能更准确地反映甜菜品种的遗传信息。

表 4-10 部分 RSAP 核心引物扩增产物信息

引物名称	6%非变性聚丙烯酰胺凝胶电泳		8%非变性聚丙烯酰胺凝胶电泳		1.5%琼脂糖凝胶电泳	
	多态性条带/条	总条带/条	多态性条带/条	总条带/条	多态性条带/条	总条带/条
Rs1/Rs3	18	20	12	14	4	5
Rs1/Rs7	17	20	11	13	3	5
Rs2/Rs3	17	19	13	15	8	10
Rs5/Rs10	19	20	15	17	7	8

续表

引物名称	6%非变性聚丙烯酰胺凝胶电泳		8%非变性聚丙烯酰胺凝胶电泳		1.5%琼脂糖凝胶电泳	
	多态性条带/条	总条带/条	多态性条带/条	总条带/条	多态性条带/条	总条带/条
Rs6/Rs7	18	21	10	13	10	12
Rs7/Rs9	22	23	12	14	4	6
总数	111	123	73	86	36	46
平均	18.5	20.5	12.2	14.3	6.0	7.7

注:表中平均值为四舍五入结果。

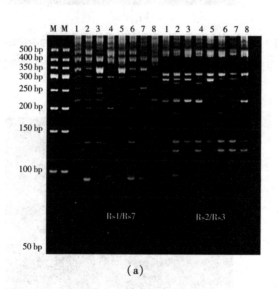

(a)

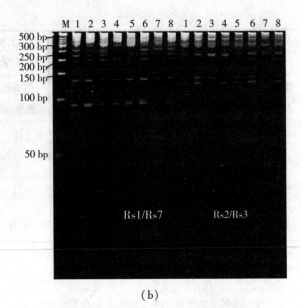

（b）

图 4-3　引物 Rs1/Rs7、Rs2/Rs3 对 8 个甜菜品种的扩增图

注：（a）为 6%非变性聚丙烯酰胺凝胶电泳；（b）为 8%非变性聚丙烯酰胺凝胶电泳。

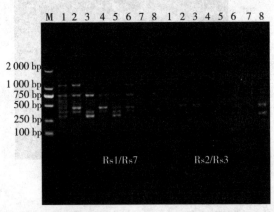

图 4-4　利用 1.5%琼脂糖凝胶电泳检测 Rs1/Rs7、Rs2/Rs3 引物对 8 个甜菜品种的扩增图

4.3.2.3　显影方法优化

利用 SSR 引物（L47）扩增 15 个甜菜品种，再分别利用核酸染料和银染进行泡染显影（图 4-5）。对比发现，利用核酸染料泡染和银染泡染的显影条带数目和多态性效果并无明显差别,但利用核酸染料泡染显影的条带更清晰。且核酸染料泡染的操作过程更简便,时间更短;毒性无或轻微。因此,利用核酸染料进行泡染显影的方法更优。

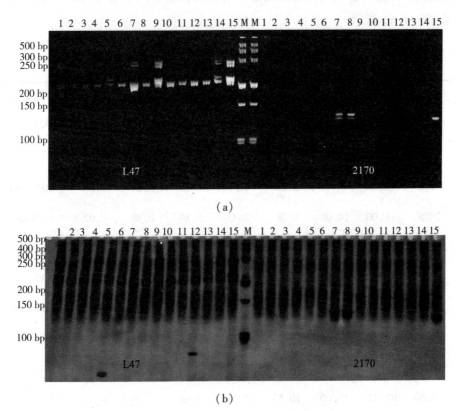

图 4-5　核酸染料(a)和银染(b)显影效果

4.3.3　遗传多样性分析

引物的多态性信息量(PIC,当 PIC > 0.5 时为高多态性引物)、鉴别力指数和多态性位点百分率反映引物鉴别品种的能力和效率。香农信息指数与 Nei's 基因多样性指数均是衡量作物遗传多样性常用的标准。其中香农信息指数可用于衡量从单核苷酸片段到整个物种或更大分类单位(直至生态系统)的遗传组织等多个层次的遗传变异程度。Nei's 基因多样性指数可区分具有相同等位基因数量的种群之间的变异水平,反映各物种内等位基因的丰富度。因此以各分子标记核心引物扩增 111 个甜菜品种样本所得到的数据为依据,分析甜菜品种遗传多样性和各引物鉴定甜菜品种的能力和效率,4 种分子标记引物扩增结果如表 4-11 所示。

表 4-11　4 种分子标记引物扩增结果

引物	$P/\%$	N_a/个	N_e/个	I	H	PIC	D	扩增条带大小/bp
SSR								
2170	100.00	8.00	3.22	1.36	0.69	0.64	0.85	100~250
2305	100.00	14.00	9.20	2.43	0.89	0.88	0.92	150~400
14118	100.00	8.00	4.94	1.74	0.79	0.77	0.73	100~300
11965	100.00	14.00	5.47	2.11	0.82	0.80	0.91	100~250
17623	100.00	11.00	7.69	2.18	0.87	0.86	0.80	100~300
L7	100.00	13.00	7.58	2.22	0.87	0.85	0.87	150~300
L47	100.00	4.00	2.18	0.89	0.54	0.45	0.24	250~400
SSD06	100.00	12.00	10.53	2.44	0.91	0.90	0.80	150~500
TC55	100.00	16.00	13.72	2.68	0.93	0.92	0.80	150~300
TC122	100.00	13.00	6.36	2.13	0.84	0.83	0.90	100~300
平均	100.00	11.30	7.09	2.02	0.82	0.79	0.78	
RSAP								
Rs1/Rs3	93.75	16.00	10.80	2.54	0.91	0.90	0.83	150~500
Rs1/Rs7	85.71	14.00	12.48	2.58	0.92	0.91	0.69	150~600

续表

引物	$P/\%$	$N_a/$个	$N_e/$个	I	H	PIC	D	扩增条带大小/bp
Rs2/Rs3	91.67	12.00	8.91	2.28	0.89	0.88	0.70	100~400
Rs5/Rs10	100.00	12.00	8.06	2.26	0.88	0.86	0.67	100~400
Rs6/Rs7	83.33	13.00	9.76	2.38	0.90	0.89	0.70	100~400
Rs7/Rs9	100.00	10.00	5.30	1.91	0.81	0.79	0.85	100~500
平均	92.41	12.83	9.22	2.33	0.89	0.87	0.74	
DAMD								
URP2R	100.00	21.00	12.10	2.70	0.92	0.91	0.95	200~700
URP6R	100.00	32.00	21.87	3.24	0.95	0.95	0.97	150~900
平均	100.00	26.50	16.98	2.97	0.94	0.93	0.96	
SCoT								
SCoT12	96.67	30.00	17.67	3.14	0.94	0.94	0.97	150~1 000
SCoT13	100.00	34.00	22.44	3.30	0.96	0.95	0.96	150~900
平均	98.34	32.00	20.05	3.22	0.95	0.95	0.97	

注:①P,多态性位点百分率;N_a,观察等位基因数;N_e,有效等位基因数;I,香农信息指数;H,Nei's基因多样性指数;PIC,多态性信息量;D,鉴别力指数。

②表中平均值为四舍五入结果,且保留小数点后两位。

4.3.3.1 SSR分析

利用10对条带清晰、多态性好、扩增结果稳定的SSR核心引物对111个甜菜品种进行扩增鉴定,共得到113条条带,条带片段分子量大小范围为100~500 bp,10对SSR引物的观测等位基因数范围为4~16个,平均值为11.30个,引物多态性位点百分率为100%,有效等位基因数范围为2.18(L47)~

13.72(TC55)个,平均值为7.09个,引物多态性信息量范围为0.45(L47)~0.92(TC55),平均值为0.79,除引物L47外的9对SSR引物的多态性信息量都大于0.5,鉴别力指数范围为0.24(L47)~0.92(2305),平均值为0.78,香农信息指数范围为0.89(L47)~2.68(TC55),平均值为2.02,Nei's基因多样性指数范围为0.54(L47)~0.93(TC55),平均值为0.82。表明所选的10对SSR引物在鉴定111个甜菜品种中具有较高的效率,其中引物TC55的多态性信息量和引物2305的鉴别力指数最大,表明SSR引物中TC55和2305都具有较高的品种鉴别效率。

4.3.3.2 RSAP 分析

利用6对条带清晰、多态性高且稳定的RSAP标记的核心引物,可完成对111个甜菜品种的鉴定,共扩增出77条条带;每对RSAP引物的观测等位基因数范围为10~16个,平均值为12.83个,其中多态性条带有71条,总多态性位点百分率为92.41%,条带片段分子量大小的范围为100~600 bp,有效等位基因数范围为5.30(Rs7/Rs9)~12.48(Rs1/Rs7),平均值为9.22(表4-11),RSAP引物多态性信息量范围为0.79(Rs7/Rs9)~0.91(Rs1/Rs7),平均值为0.87,6对引物的多态性信息量都大于0.5,为高多态性引物,鉴别力指数范围为0.67(Rs5/Rs10)~0.85(Rs7/Rs9),平均值为0.74,香农信息指数范围为1.91(Rs7/Rs9)~2.58(Rs1/Rs7),Nei's基因多样性指数范围为0.81(Rs7/Rs9)~0.92(Rs1/Rs7),平均值为0.89。表明所选6对RSAP引物在甜菜品种鉴定中具有较高效率。

4.3.3.3 DAMD 分析

利用2条带型清晰、多态性高的DAMD引物,能够完成对111个甜菜品种的鉴定,共扩增出53条条带,每条DAMD引物的观测等位基因数范围为21~32个,所有引物的平均多态性位点百分率为100%,条带片段分子量大小范围为100~900 bp,平均有效等位基因数为16.98个,平均香农信息指数为2.97,平均Nei's基因多样性指数为0.94,平均多态性信息量为0.93和平均鉴别力指数为0.96。分析各项指数,表明所选2条DAMD引物,较SSR和RSAP引物具有更高的效率。

4.3.3.4　SCoT 分析

利用 2 条带型清晰、多态性高的 SCoT 引物,可完成对 111 个甜菜品种的鉴定,共扩增出 64 条条带,其中 63 条为多态性条带,每条引物的观测等位基因数范围为 30~34 个,多态性位点百分率为 98.34%,条带片段分子量大小范围为 100~1 000 bp,平均有效等位基因数为 20.05 个,平均香农信息指数为 3.22,平均 Nei's 基因多样性指数为 0.95,平均多态性信息量为 0.95,平均鉴别力指数为 0.97,其中引物 SCoT13 可鉴别 111 个甜菜品种。分析各项指数,结果表明 2 条 SCoT 引物的甜菜品种鉴定效率与 DAMD 引物的基本一致。

上述分析结果表明:4 种以基因组 DNA 中不同区域的核苷酸序列所设计的标记引物,均能有效鉴定 111 个甜菜品种,且引物扩增的条带清晰易辨,可用于构建甜菜 DNA 指纹图谱。因此,可选择具有更高多态性条带百分率、多态性信息量和鉴别力指数的引物构建甜菜品种的指纹图谱。例如,在所有标记引物中,引物 SCoT13 和 URP6R 的多态性信息量和鉴别力指数均较高,可以作为 111 个甜菜品种 DNA 指纹图谱构建的首选。

4.3.4　聚类分析

为了解 111 个甜菜品种的遗传背景以及单个分子标记与 4 种标记组合分析的差异,根据 Nei's 遗传距离,用邻接法进行聚类分析。

4.3.4.1　单个标记分析

利用 SSR 标记数据,计算出 111 个甜菜品种间 Nei's 遗传距离为 0.018 ~ 0.575,平均值为 0.322,其中遗传距离最大的为 24 号和 99 号甜菜品种,分别来自 KHBC 公司和 SES VanderHave 公司;78 号和 79 号甜菜品种间的遗传距离最小,这 2 个品种均来自 SES VanderHave 公司。进行聚类分析的结果显示,111 个甜菜品种被分成 3 个类群,品种大致根据育种机构和来源地进行了分离,例如类群 G-Ⅲ-1 中包含了 15 个品种,其中 11 个均来自国内育种机构,其余 4 个来自 SES VanderHave 公司[图 4-6(a)]。结果表明来自同一育种机构或相同来源地的品种间基因序列位点差异较小。

利用 RSAP 标记数据,111 个甜菜品种间的 Nei's 遗传距离为 0.052 ~ 0.519,平均值为 0.259,遗传距离最大的是 5 号和 11 号甜菜品种,分别来自 BETASEED 公司和 SES VanderHave 公司;遗传距离最小的有两对,即 78 号和 79 号、32 号和 35 号甜菜,均来自 SES VanderHave 公司。得到的聚类图结果显示,111 个甜菜品种被分为 3 个类群[图 4-6(b)]。RSAP 聚类中甜菜品种虽依然根据育种机构和来源地进行分离,但相关性较 SSR 聚类低,如类群 G-Ⅲ-2 包含了来自 7 个育种公司或机构的品种。

利用 DAMD 和 SCoT 标记数据,DAMD 标记品种间 Nei's 遗传距离为 0.019 ~ 0.519,平均值为 0.238,11 号和 56 号甜菜品种间的遗传距离最小,分别来自 MariboHilleshög ApS 公司和 SES VanderHave 公司;SCoT 标记品种间的 Nei's 遗传距离为 0.047 ~ 0.453,平均值为 0.241,96 号和 50 号甜菜品种间的遗传距离最小,分别来自 KWS SAAT SE 公司和 Lion seeds 公司。分析 DAMD [图 4-6(c)]和 SCoT[图 4-6(d)]标记的聚类图,结果显示虽然均能将 111 个甜菜品种分为 3 个类群,但每个聚类中的品种没有表现出明显的依据育种机构和来源地来对品种进行分离的现象,且聚类结果也不具有其他明显的相关性。

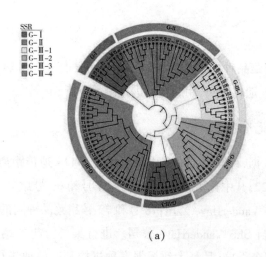

(a)

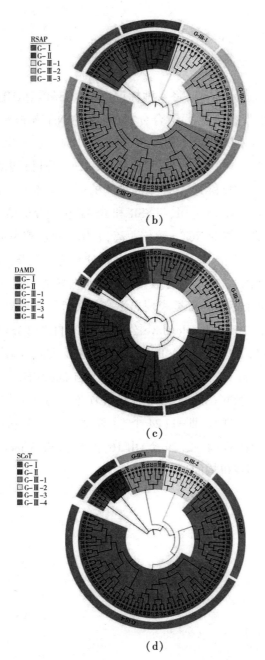

(b)

(c)

(d)

图 4-6　基于各个分子标记数据的 111 个甜菜品种遗传距离的 NJ 聚类树状图

注：(a)基于 SSR 的 NJ 聚类树状图；(b)基于 RSAP 的 NJ 聚类树状图；

(c)基于 DAMD 的 NJ 聚类树状图；(d)基于 SCoT 的 NJ 聚类树状图。

4.3.4.2　组合标记分析

为了获得更准确的遗传估算,将 4 种标记(SSR、RSAP、DAMD 和 SCoT)扩增出的所有 306 条条带数据进行组合分析,得到的 Nei's 遗传距离范围为 0.111 ~ 0.402,平均值为 0.275。62 号(SES VanderHave 公司)和 109 号(黑龙江大学)、24 号(KHBC 公司)和 72 号(SES VanderHave 公司)甜菜品种间的遗传距离最大,为 0.402,78 号和 79 号甜菜品种间的遗传距离最小,为 0.111,这些品种均来自 SES VanderHave 公司,与 SSR 和 RSAP 标记分析结果一致。

基于 4 种标记组合数据的 Nei's 遗传距离,利用邻接法聚类同样将 111 个甜菜品种分为 3 个类群,类群 G-Ⅱ、G-Ⅲ又都再分为两个亚群,聚类亚群表现与单个标记稍有不同(图 4-7)。组合数据的品种同样根据育种机构和来源地进行聚类分离,且比单个标记的聚类表现出更高相关性。类群 G-Ⅰ包含 7 个甜菜品种,其中 6 个来自 SES VanderHave 公司,1 个来自 BETASEED 公司。类群 G-Ⅱ包含两个亚群,其中亚群 G-Ⅱ-1(15 个)主要由来自 Lion seeds 公司(11 个)的品种构成;亚群 G-Ⅱ-2(36 个)主要由来自 MariboHilleshög ApS 公司(13 个)、KWS SAAT SE 公司(12 个)和 BETASEED 公司(5 个)的品种构成。类群 G-Ⅲ包含两个亚群,亚群 G-Ⅲ-1(24 个)主要由来自 SES VanderHave 公司(22 个)的品种构成;亚群 G-Ⅲ-2(29 个)由 16 个来自 SES VanderHave 公司和 13 个来自国内育种公司或机构的品种构成。

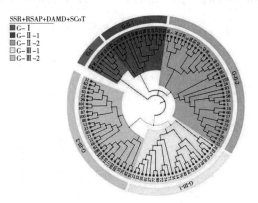

图 4-7　基于 4 种分子标记联合数据的 111 个甜菜
品种遗传距离制作的 NJ 聚类树状图

4.3.5　群体结构分析

为了进一步了解 111 个甜菜登记品种的遗传组成(遗传背景与品种基因渗透度)并将遗传相似性高的品种进一步划分,同时与利用邻接法法聚类分析的结果进行对比分析。基于 4 种分子标记的组合数据,用 Structure 2.3.4 软件分析 111 个甜菜品种的群体结构,预设 K 值为 2~8,每个值重复运算 10 次。将运算结果上传到 Structure Harvester 进行分析,发现随着 K 值的增加,似然值 $\ln P(D)$ 在 $K=5$ 时最大[图 4-8(a)、图 4-8(b)],表明研究样本的最适划分亚群数为 5 个,因此将 111 个甜菜品种分为 5 个类群[图 4-8(c)]。

对 111 个甜菜品种的群体结构进行分析,发现群体结构分析中的大部分甜菜登记品种也根据育种机构和来源地进行划分聚类。具体聚类结果为:类群 Ⅰ 包括 14 个品种,11 个来自 Lion seeds 公司,2 个来自 SES VanderHave 公司,1 个来自 WHBC 公司;类群 Ⅱ 包括 18 个品种,12 个来自国内育种公司,5 个来自 SES VanderHave 公司,1 个来自 KHBC 公司;类群 Ⅲ 包括 27 个品种,14 个来自 KWS SAAT SE 公司,8 个来自 BETASEED 公司,4 个来自 SES VanderHave 公司,1 个来自新疆农业科学院经济作物研究所;类群 Ⅳ 包括 37 个品种,34 个来自 SES VanderHave 公司,其余 3 个分别来自 3 个不同育种公司;类群 Ⅴ 包括 15 个品种,13 个来自 MariboHilleshög ApS 公司,2 个来自 V-Field Agro-Tech B. V 公司。

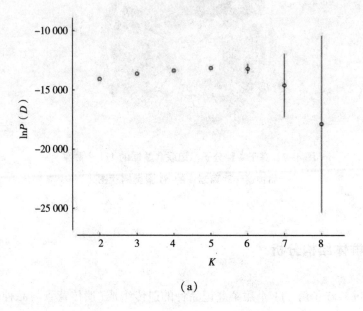

(a)

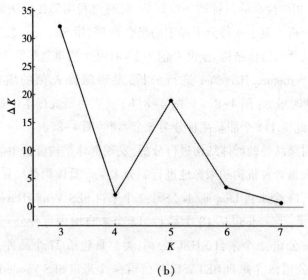

(b)

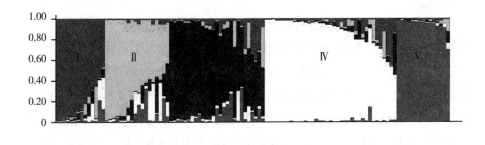

(c)

图4-8　利用4种分子标记组合数据分析的111个甜菜品种材料的群体结构图

注：(a)K值与$\ln P(D)$的趋势变化图；(b)K值与ΔK的趋势变化图；

(c)SSR+RSAP+DAMD+SCoT($K=5$)群体结构图。

基于组合标记数据，初步对比分析111个甜菜品种样本的邻接法聚类分析和群体结构分析的结果，发现二者聚类结果高度相似。例如类群 Ⅰ 有80%左右的甜菜品种来源于 Lion seeds 公司，与聚类分析的亚群 G-Ⅱ-1 对应；类群 Ⅱ 有85%左右的甜菜品种来自国内育种公司/机构，与聚类分析的亚群 G-Ⅲ-2 对应，表明两种方法的结果可以相互验证。因此可了解到111个甜菜品种的遗传基础较窄，尤其是来自同一育种公司或机构的品种间的遗传相似性更高，亲缘关系更近，如78号和79号甜菜品种均来自 SES VanderHave 公司，二者遗传距离只有0.111。

4.3.6　甜菜品种 DNA 指纹图谱构建

利用 SSR、RSAP、DAMD 和 SCoT 这4种分子标记对111个甜菜品种进行 PCR 扩增并分析其扩增条带结果，主要分析了引物的多态性位点百分率、多态性信息量和鉴别力指数，发现各引物的多态性位点百分率差异不大，因此分别选取4种标记中多态性信息量最高的引物2305、Rs1/Rs3、SCoT13 和 URP6R 初步构建 DNA 指纹库。首先基于电泳条带图谱，将多态性谱带转换成由"0、1"构成的数据集来表示品种的指纹信息，再在0、1数字编码的基础上加入引物名称和扩增片段的长度信息（利用 Quantity One 软件估算），最后结合图片的形式（在有条带片段处记为"—"，形式如图4-9所示）构建111个甜菜品种的 DNA

指纹图谱。

基于利用最少引物且能快速、准确鉴定甜菜品种的原则,综合分析 4 种引物的多态性位点百分率、多态性信息量、鉴别力指数和每个引物扩增条带多态性位点的重复性。最终选取多态性信息量和鉴别力指数均较高的 URP6R 和 SCoT13 引物中的 50 个稳定的多态性位点,构建了 111 个甜菜品种的简化指纹图谱。构建的指纹图谱能直观反映每个品种唯一的谱带,可以快速、准确地鉴定 111 个甜菜品种(图 4-9)。如图 4-10 所示为引物 URP6R 对 41～80 号甜菜品种扩增的条带图。

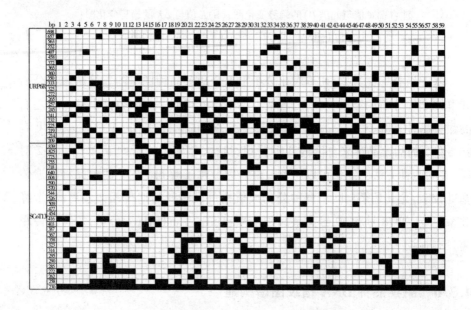

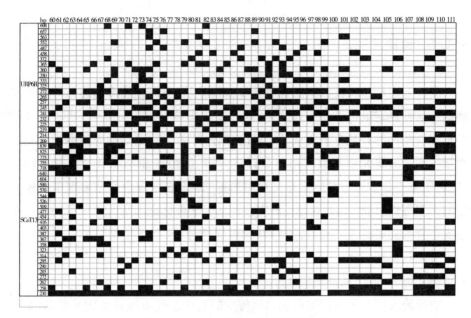

图 4-9　111 个甜菜品种的指纹图谱

注:第一列,引物;第二列,条带位点分子量大小;

第一行,1~111 号甜菜品种编号(对应表 4-2),黑色方块表示在此位点检测到的目标条带。

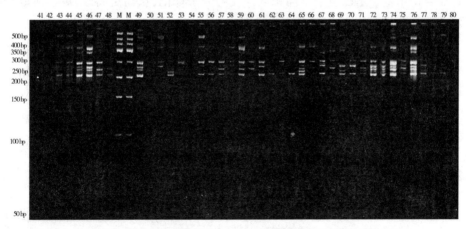

图 4-10　引物 URP6R 对 41~80 号甜菜品种扩增条带图

4.3.7 讨论

品种鉴定是品种权保护的有效手段,而利用分子标记技术构建品种指纹图谱则是品种鉴定最可靠的手段之一,同时遗传多样性、群体结构分析对于品种鉴定和新品种选育具有重要意义。目前,国内外关于甜菜品种遗传多样性和构建指纹图谱的研究中多数利用单个标记分析,但由于甜菜品种遗传基础较狭窄,利用单一分子标记鉴定大量品种材料时,若想获得理想的结果则需要较大量的高多态性引物。Simko 等人研究并评估了 3 种标记 DArT、SNP 和 SSR 对来自 5 个育种公司的 54 个品种进行基因多样性分析、群体结构分析以及将单个品种分配到预期群体中的成功率,发现 SSR 标记的成功率最高,但依然需要 17 对引物才能将 54 个品种正确区分。

有研究表明分子标记组合能利用较少的高多态性引物获得更可靠、更全面的结果。Misra 等人利用 ISSR、DAMD 引物和形态学特征研究印度丝瓜栽培种基因型和野生种基因型间的遗传变异及相互关系时发现,组合标记能更有效地评估遗传基础较窄物种的多样性,以及区分栽培种与野生种的基因型。因此可以联合使用基于基因组中不同靶区开发的分子标记,从而更高效、更全面地分析甜菜品种的遗传多样性,同时推动甜菜 DNA 指纹图谱数据库的建立。

本研究利用 DAMD、SCoT、RSAP 以及 SSR 分子标记组合分析 111 个甜菜品种间的遗传多样性和群体结构,同时筛选核心引物,优化鉴定程序,以及利用更直观、更易于标准化的数据采集方式来构建甜菜品种的 DNA 指纹图谱,建立一套方便、高效鉴定甜菜品种真实性的体系方法,达到利用相对少的引物更高效地鉴定大量甜菜品种真实性的目的。

4.3.7.1 鉴定过程优化

本章对尚未在甜菜研究中被报道过的 RSAP 引物进行研究。首先基于前人研究优化了甜菜 RSAP - PCR 扩增程序,再从 45 对引物中筛选出 6 对扩增条带清晰易识别、多态性丰富、重复性好的核心引物组合:Rs1/Rs3、Rs1/Rs7、Rs2/Rs3、Rs5/Rs10、Rs6/Rs7 和 Rs7/Rs9。

同时利用不同的检测方法分离 RSAP-PCR 的扩增产物,通过人工读带的统计方法,发现6%、8%非变性聚丙烯酰胺凝胶电泳和1.5%琼脂糖凝胶电泳都可以分离出清晰易识别的条带,但不同的检测方法分辨率不同,且早有研究表明聚丙烯酰胺凝胶电泳的分辨率和灵敏度比琼脂糖凝胶电泳更高,同时表达研究对象的遗传信息也更准确。张彦苹等人以2种电泳方法检测石榴RAPD扩增产物,结果显示聚丙烯酰胺凝胶电泳的总条带数比琼脂糖凝胶电泳多1.5倍;叶春秀等人以6%聚丙烯酰胺凝胶电泳和2.5%琼脂糖凝胶电泳对新陆早系列棉花品种进行SSR - PCR产物检测,发现聚丙烯酰胺凝胶电泳获得了与实际遗传背景拟合性更好的结果;邹奕等人利用不同检测方法检测SSR扩增产物发现,8%非变性聚丙烯酰胺凝胶电泳比3%的Metaphor琼脂糖凝胶电泳和3%的普通琼脂糖凝胶电泳具有更高的分辨率,能分辨出更多、更细小的条带。本章同样发现6%非变性聚丙烯酰胺凝胶电泳分离出的多态性条带数最多,是8%非变性聚丙烯酰胺凝胶电泳分离出的1.5倍左右,是1.5%琼脂糖凝胶电泳分离出的3倍左右,说明非变性聚丙烯酰胺凝胶电泳检测的分辨率高于琼脂糖凝胶电泳。因此可以确定利用6%非变性聚丙烯酰胺凝胶电泳分离甜菜RSAP扩增产物的效果更好,更能准确反映甜菜品种的遗传多样性信息,更适于甜菜大规模的品种鉴定、DNA指纹图谱构建和遗传多样性的分析。

4.3.7.2　分子标记组合分析甜菜品种

引物多态性信息量、鉴别力指数和多态性位点百分率反映引物鉴别品种真实性的能力和效率;香农信息指数与Nei's基因多样性指数均是衡量作物遗传多样性常用的标准。首先利用筛选出的10对SSR、6对RSAP、2条DAMD、2条SCoT核心引物对111个甜菜品种进行分析,发现4种分子标记间的等位基因数差异较大:SSR为11.3个,RSAP为12.83个,DAMD为26.5个,SCoT为32个;SCoT所获得的平均多态性条带最多,是SSR、RSAP的2倍多;4种标记引物的平均多态性位点百分率都在90%以上,差异不大。与前人利用琼脂糖凝胶电泳检测SCoT和DAMD标记相比,本章利用非变性聚丙烯酰胺凝胶电泳检测得到的引物平均条带数和条带多态性位点百分率都较高,原因可能是非变性聚丙烯酰胺凝胶电泳具有更高的分辨率。4种标记的平均香农信息指数、平均Nei's基因多样性指数的大小关系都是SSR< RSAP< DAMD< SCoT,而SSR、RSAP、DAMD和SCoT标记的平均多态性信息量分别为0.79、0.87、0.93和0.95,平均

鉴别力指数分别为 0.78、0.74、0.96 和 0.97,总体而言 DAMD 和 SCoT 标记较 SSR 和 RSAP 标记具有更高的品种鉴定能力,这与其他学者的研究基本一致。在所有引物中,引物 SCoT13 和 URP6R 的多态性信息量和鉴别力指数均较高,可以作为 111 个甜菜品种指纹图谱构建的首选引物。

基于各标记和组合标记数据计算甜菜品种间 Nei's 遗传距离,得到的结果差异不大。其中组合标记数据 Nei's 遗传距离范围为 0.111 ~ 0.402,平均值为 0.275,这与前人研究结果基本一致。丁刘慧子等人利用 SSR 标记分析 107 个甜菜品种得到的遗传距离范围为 0.065~0.467,平均值为 0.298。试验结果进一步验证了现在用于甜菜生产的品种间的亲缘关系近,遗传基础窄。因此在未来甜菜的育种研究中要进一步开发优良甜菜种质资源,丰富甜菜自育品种遗传多样性,培育出更多高产优质的甜菜品种。

本章利用各标记和组合标记数据对 111 个甜菜品种的材料进行邻接法聚类分析和群体结构分析,两种方法的聚类结果高度一致。同时发现甜菜品种依据来自不同育种机构和来源地进行划分聚类,且组合标记数据的聚类结果与此相关性更高。例如基于组合标记数据的邻接法聚类分析和群体结构分析结果都可将 111 个甜菜品种的材料分为 5 个小类群,且来自同一育种公司以及来自国内的品种总是聚在一起,可能是因为用于开发甜菜新品种的亲本材料是每个育种公司专有的。但也有来自不同公司的品种被划分在同一类群中,如来自 MariboHilleshög ApS 公司(13 个)和 V-Field Agro-Tech B. V 公司(2 个)的品种材料聚在一起,大多数来源于美国 BETASEED 公司和 KWS SAAT SE 公司的品种也总是聚在一起。将来自不同育种公司的甜菜品种材料聚在一起,可能是由于育种公司的经营权变更,用于培育新品种的亲本被重复使用,使来自不同育种公司的甜菜品种具有相近的遗传基础。如美国的 BETASEED 公司是 KWS SAAT SE 的子公司,两者的育种亲本材料可能会有交流。

4.3.7.3　甜菜 DNA 指纹图谱构建

由于甜菜遗传基础窄,明显的、可识别的形态学特征少,所以利用分子标记构建指纹图谱对甜菜品种鉴定、保护,以及对后续的甜菜品种真实性鉴定和育种具有重要意义。分子标记技术鉴定品种真实性的主要途径是构建 DNA 指纹图谱,即利用特异分子标记引物扩增不同的目的基因,得到特异性谱带图,再对谱带进行赋值编码,形成品种特有的 DNA 指纹数据从而建立 DNA 指纹库,再结合图片构建直观 DNA 指纹图谱,具有直观、高效、方便快捷的优点。综合分析 4 种标记对 111 个甜菜品种的扩增条带结果,选取多态性信息量和鉴别力指数均较高的引物 URP6R 和 SCoT13 中的 50 个多态性位点构建 111 个甜菜品种唯一的 DNA 指纹图谱,可以直观、快速、准确地鉴别甜菜品种,为此后甜菜品种真实性鉴定提供准确对照及为后续建立甜菜品种电子身份证数据信息平台奠定基础。

综上,基于分子标记组合的分析较单个标记的分析能更高效、更全面地分析甜菜品种遗传多样性与群体结构,有助于更准确地鉴定甜菜品种真实性;以及进一步验证甜菜品种亲缘关系近、遗传基础窄的现象,因此要加快种质资源开发利用的进度,丰富甜菜遗传多样性,促进国内甜菜优良品种选育。

通过核心引物筛选、RSAP - PCR 扩增程序和显影方法优化以及构建简便、直观的 DNA 指纹图谱,最终建立起一套方便、高效地鉴定甜菜品种真实性的体系。

4.4　本章小结

本章利用 DAMD、SCoT、RSAP 以及 SSR 分子标记组合分析 111 个甜菜登记品种的遗传多样性和群体结构,最终确定最优核心引物,最优鉴定程序以及更直观、更易于标准化的数据采集方式来构建甜菜品种 DNA 指纹图谱,从而建立了一套方便、高效鉴定甜菜品种真实性的体系。

(1)利用 8 个甜菜品种筛选 4 种标记引物,筛选出条带清晰易识别、多态性高且稳定性好的 20 个核心引物,可用于甜菜品种 DNA 指纹库构建和真实性鉴定的研究。

(2)通过对 RSAP - PCR 扩增程序、电泳检测方法和显影方法的优化:确定了甜菜 RSAP - PCR 扩增反应程序及其扩增产物电泳检测的最优法——6% 的非变性聚丙烯酰胺凝胶电泳以及核酸染料泡染显影,最终确定了甜菜品种真实性鉴定的最优检测程序。

(3)通过遗传多样性分析发现 4 种分子标记引物的平均多态性位点百分率都在 90% 以上,差异不大。DAMD 和 SCoT 引物较 SSR 和 RSAP 引物具有更高的多态性信息量和鉴别力指数,即 DAMD 和 SCoT 标记引物对甜菜品种的鉴定能力更强、效率更高。

(4)基于 20 个核心引物和最优检测程序,对 111 个甜菜品种的样本材料进行聚类分析及群体结构分析,发现均将 111 个甜菜品种分为 5 个亚群,且大多数品种均依据育种机构和来源地进行划分聚类。组合标记数据较单个标记数据分析能更准确地将品种分配到预期群体中,这 2 种分析方法聚类结果高度一致,结果相互验证。

(5)基于组合标记数据计算的 Nei's 遗传距离范围为 0.111 ～ 0.402,平均值为 0.275,表明甜菜品种亲缘关系近,遗传基础窄。

(6)首先利用引物 2305、Rs1/Rs3、SCoT13 和 URP6R 初步构建 DNA 指纹数据库,再选取多态性信息量和鉴别力指数均较高的引物 URP6R 和 SCoT13 中的 50 个多态性位点构建指纹图谱,以直观、易于标准化的数据采集方式显示每个甜菜品种唯一的谱带,可快速、准确地鉴定品种真实性,为后续建立甜菜品种电子身份证数据信息平台奠定基础。

参考文献

[1] AMAR F B, SOUABNI H, SADDOUD-DEBBABI O, et al. Reliability of morphological characters in identification of olive (*Olea europaea* L.) Varieties in Ex-Situ Conditions[J]. Current Research in Agricultural Sciences,2021,8(2)：56-64.

[2] AMIRYOUSEFI A, HYVÖNEN J, POCZAI P. iMEC：Online marker efficiency calculator[J]. Applications in Plant Sciences,2018,6(6)：e01159.

[3] BADONIA M, PATIDAR S, SHARMA C K. Molecular markers：An uprising tool for crop improvement[J]. Research on Crops,2020,21(4)：852-861.

[4] BHANDARI S, TYAGI K, SINGH B, et al. Role of molecular markers to study genetic diversity in bamboo：A review[J]. Plant Cell Biotechnology Molecular Biology,2021,22(4)：86-97.

[5] COLLARD B C Y, MACKILL D J. Start Codon Targeted (SCoT) Polymorphism：A simple, novel DNA marker technique for generating gene-targeted markers in plants[J]. Plant Molecular Biology Reporter,2009,27(1)：86-93.

[6] DE SOUZA C P, BONCIU E. Use of molecular markers in plant bioengineering [J]. Scientific Papers Series Management, Economic Engineering in Agriculture and Rural Development,2022,22(1)：159-166.

[7] DOHM J C, LANGE C, HOLTGRÄWE D, et al. Palaeohexaploid ancestry for Caryophyllales inferred from extensive gene-based physical and genetic mapping of the sugar beet genome (*Beta vulgaris*)[J]. The Plant Journal. 2012,70(3)：528-540.

[8] EARL D A, VONHOLDT B M. STRUCTURE HARVESTER：a website and

program for visualizing STRUCTURE output and implementing the Evanno method[J]. Conservation Genetics Resources,2012,4(2):359-361.

[9]EL-MOUHAMADY A B A, AL-KORDY M A, ELEWA T A-F. Elucidation of genetic diversity among some accessions of sugar beet (*Beta vulgaris* L.) using inter-simple sequence repeats (ISSR) markers[J]. Bulletin of the National Research Centre,2021,45(1):1-17.

[10]GROVER A, SHARMA P C. Development and use of molecular markers: past and present[J]. Critical Reviews in Biotechnology,2016,36(2):290-302.

[11]GUPTA P, MISHRA A, LAL R K, et al. DNA fingerprinting and genetic relationships similarities among the accessions/species of ocimum using SCoT and ISSR markers system[J]. Molecular Biotechnology,2021,63(5):446-457.

[12]HASAN N, CHOUDHARY S, NAAZ N, et al. Recent advancements in molecular marker-assisted selection and applications in plant breeding programmes[J]. Journal of Genetic Engineering and Biotechnology,2021,19(1): 1-26.

[13]HEATH D D, LWAMA G K, DEVLIN R H. PCR primed with VNTR core sequences yields species specific patterns and hypervariable probes[J]. Nucleic Acids Research,1993,21(24):5782-5785.

[14]KALIA R K, RAI M K, KALIA S, et al. Microsatellite markers: an overview of the recent progress in plants[J]. Euphytica,2011,177(3):309-334.

[15]KONOPIŃ SKI M K. Shannon diversity index: a call to replace the original Shannon's formula with unbiased estimator in the population genetics studies [J]. PeerJ. 2020,8:e9391.

[16]KORIR N K, HAN J, SHANGGUAN L, et al. Plant variety and cultivar identification: advances and prospects [J]. Critical Reviews in Biotechnology, 2013,33(2):111-125.

[17]LETUNIC I, BORK P. Interactive tree of life (iTOL) v3: an online tool for the display and annotation of phylogenetic and other trees[J]. Nucleic Acids Research,2016,44(W1):W242-W245.

[18]LI Y C, KOROL A B, FAHIMA T, et al. Microsatellites: genomic distribu-

tion, putative functions and mutational mechanisms: a review[J]. Molecular Ecology,2002,11(12):2453-2465.

[19]LIN X C, RUAN X S, LOU Y F, et al. Genetic similarity among cultivars of Phyllostachys pubescens[J]. Plant Systematics and Evolution,2009,277(1): 67-73.

[20]LIU S R, LIU H W, WU A L, et al. Construction of fingerprinting for tea plant (Camellia sinensis) accessions using new genomic SSR markers[J]. Molecular Breeding,2017,37(8): 1-14.

[21]LV Z H, GUO H C. Comparison of genetic diversity analysis by RSAP, SSR and SRAP markers in potato[J]. Genomics and Applied Biology,2018,37(6): 2544-2550.

[22]MÖHRING S, SALAMINI F, SCHNEIDER K. Multiplexed, linkage group-specific SNP marker sets for rapid genetic mapping and fingerprinting of sugar beet (Beta vulgaris L.)[J]. Molecular Breeding,2004,14(4):475-488.

[23]MCGRATH J M, PANELLA L. Sugar beet breeding[J]. Plant Breeding Reviews,2018,42:167-218.

[24]MENG Y S, ZHAO N, LI H, et al. SSR fingerprinting of 203 sweetpotato (Ipomoea batatas (L.) Lam.) varieties[J]. Journal of Integrative Agriculture, 2018,17(1):86-93.

[25]MISRA S, SRIVASTAVA A K, VERMA S, et al. Phenetic and genetic diversity in Indian Luffa (Cucurbitaceae) inferred from morphometric, ISSR and DAMD markers[J]. Genetic Resources and Crop Evolution,2016,64(5):995-1010.

[26]MORGANTE M, OLIVIERI A. PCR-amplified microsatellites as markers in plant genetics[J]. The Plant Journal,1993,3(1):175-182.

[27]MUNROE D J, HARRIS T J R. Third-generation sequencing fireworks at Marco Island[J]. Nature Biotechnology,2010,28(5):426-428.

[28]NEI M. Estimation of average heterozygosity and genetic distance from a small number of individuals[J]. Genetics,1978,89(3):583-590.

[29]PAKSERESHT F, TALEBI R, KARAMI E. Comparative assessment of ISSR,

DAMD and SCoT markers for evaluation of genetic diversity and conservation of landrace chickpea (*Cicer arietinum* L.) genotypes collected from north-west of Iran[J]. Physiology and Molecular Biology of Plants,2013,19(4):563-574.

[30]PARAB A R, LYNN C B, SUBRAMANIAM S. Assessment of genetic stability on in vitro and ex vitro plants of *Ficus carica* var. black jack using ISSR and DAMD markers[J]. Molecular Biology Reports,2021,48(11):7223-7231.

[31]PRITCHARD J K, STEPHENS M, DONNELLY P. Inference of population structure using multilocus genotype data [J]. Genetics, 2000, 155 (2): 945-959.

[32]SAGHIR K, ABDELWAHD R, IRAQI D, et al. Assessment of genetic diversity among wild rose in Morocco using ISSR and DAMD markers[J]. Journal of Genetic Engineering and Biotechnology, 2022,20(1):150.

[33]SAIDI A, EGHBALNEGAD Y, HAJIBARAT Z. Study of genetic diversity in local rose varieties (*Rosa* spp.) using molecular markers[J]. Banat's Journal of Biotechnology,2017,8(16):148-157.

[34]SAMARINA L S, MALYAROVSKAYA V I, REIM S, et al. Transferability of ISSR, SCoT and SSR markers for *Chrysanthemum* × *Morifolium* ramat and genetic relationships among commercial russian cultivars[J]. Plants (Basel), 2021,10(7): 1302.

[35]SANTOSH H B, MESHRAM M, SANTHY V, et al. Microsatellite marker based diversity analysis and DNA fingerprinting of Asiatic cotton (*Gossypium arboreum*) varieties of India[J]. Journal of Plant Biochemistry and Biotechnology,2021,31(2):421-428.

[36]SIMKO I, EUJAYL I, VAN HINTUM T J. Empirical evaluation of DArT, SNP, and SSR marker-systems for genotyping, clustering, and assigning sugar beet hybrid varieties into populations[J]. Plant Science,2012,184:54-62.

[37]SMULDERS M J, ESSELINK G D, EVERAERT I, et al. Characterisation of sugar beet (*Beta vulgaris* L. ssp. *vulgaris*) varieties using microsatellite markers[J]. BMC Genetics,2010,11(1):1-11.

[38]STEVANATO P, CHIODI C, BROCCANELLO C, et al. Sustainability of the

sugar beet crop[J]. Sugar Tech,2019,21(5):703-716.

[39]STEVANATO P, TREBBI D, BIANCARDI E, et al. Evaluation of genetic diversity and root traits of sea beet accessions of the Adriatic Sea coast[J]. Euphytica,2013,189:135-146.

[40]WANG J D, ZHANG Z L, GONG Z L, et al. Analysis of the genetic structure and diversity of upland cotton groups in different planting areas based on SNP markers[J]. Gene,2022,809:146042.

[41]WANG X Y, AI X T, WANG J D, et al. Rapid identification system of purity and authenticity in cotton varieties by SSR markers [J]. Acta Agronomica Sinica,2017,43(10):1565.

[44]ZHAO C, LIU C, LI W, et al. Application of restriction site amplified polymorphism (RSAP) to genetic diversity in *Saccharina japonica* [J]. Chinese Journal of Oceanology and Limnology,2013,31(4):830-834.

[45]白静. 杂交棉品种 SSR 核心引物的筛选与真实性和纯度鉴定 [D].武汉:华中农业大学,2011.

[46]陈艺文,李用财,余凌羿,等. 中国三大主产区甜菜糖业发展分析[J].中国糖料,2017,39(4):74-76+80.

[47]程玮哲. 十个杨树优良无性系 RSAP、CDDP、SSR 指纹图谱构建研究 [D].咸阳:西北农林科技大学,2021.

[48]丁健美,刘之熙. 杂交水稻品种鉴定方法(综述)[J].南方农业,2022,16(13):139-143.

[49]丁刘慧子. 基于形态学和 SSR 标记的甜菜品种特异性鉴定 [D].哈尔滨:黑龙江大学, 2021.

[50]丁刘慧子,邸植,吴则东. 甜菜 DAMD 引物筛选及品种快速鉴定[J].中国糖料,2021,43(4):32-37.

[51]丁刘慧子,邸植,吴则东. 甜菜品种 SSR 指纹图谱的构建及遗传多样性分析[J].作物杂志,2021(5):72-78.

[52]杜晓华,王得元,巩振辉. 基于 RSAP 和 SSR 的辣椒优良自交系间遗传距离的估计与比较[J].西北农林科技大学学报(自然科学版),2007,35(7):97-102.

[53]杜晓华,王得元,巩振辉. 一种新型 DNA 标记技术:限制性位点扩增多态性(RSAP)的建立与优化[J]. 西北农林科技大学学报(自然科学版),2006,34(9):45-49+54.

[54]范定臣,张安世,刘莹,等. 皂荚种质资源 RSAP 遗传多样性分析及指纹图谱的构建[J]. 河南农业科学,2017,46(11):103-107.

[55]冯俊彦,康乐,郎涛,等. 基于 SCoT 分子标记的甘薯及其野生种遗传多样性分析[J]. 华北农学报,2021,36(1):18-26.

[56]高珊,李成军,卢凌霄,等. 浅谈玉米品种检验的方法[J]. 种子科技,2021,39(19):125-126.

[57]胡晋. 种子学[M]. 2 版. 北京:中国农业出版社,2014.

[58]李进,陈仕勇,赵旭,等. 基于 SCoT 标记的饲用燕麦品种遗传结构及指纹图谱分析 [J]. 草业学报,2021,30(7):72-81.

[59]李婧慧. 新疆陆地棉品种 DNA 指纹图谱构建与遗传多样性分析 [D]. 石河子:石河子大学,2020.

[60]李婧慧,金彦龙,乔艳清,等. 新疆 150 份陆地棉品种 DNA 指纹图谱构建与遗传多样性分析[J]. 分子植物育种,2022,20(9):2983-3001.

[61]李宁,邵敬雯,陈雪平,等. 15 个羊角脆甜瓜品种形态学性状变异性和聚类分析[J]. 现代农业科技,2023(4):69-73.

[62]李乔乔,王宇晴,刘蕊,等. 甜菜全基因组 SSR 引物的筛选与评价[J]. 中国农学通报,2022,38(12):95-99.

[63]栗媛,王茂芊,邱植,等. 利用 SSR 构建甜菜品种的分子身份证[J]. 中国糖料,2019,41(4):46-49.

[64]刘博文,黎桂阳,常媛飞,等. 野豌豆属种子形态多样性与种子分类鉴定方法的研究[J]. 草地学报,2021,29(7):1375-1385.

[65]刘敏轩,王赟文,韩建国. 种子真实性及品种纯度蛋白质电泳鉴定技术研究进展[J]. 种子,2006,25(7):54-57.

[66]刘若楠. 山西省小麦 SCoT 指纹图谱构建与遗传多样性分析 [D]. 太原:山西师范大学,2020.

[67]陆作楣,王华,沈又佳. 杂交稻胚乳贮藏蛋白多态性及其应用研究[J]. 南京农业大学学报,2001,24(2):6-11.

[68]梅洪娟,马瑞君,庄东红. 指纹图谱技术及其在植物种质资源中的应用[J].广东农业科学,2014,41(3):159-164.

[69]潘静,张俊超,陈有军,等. 基于 SCoT 标记的披碱草属种质遗传多样性分析及指纹图谱构建[J].草业学报,2022,31(11):48-60.

[70]邳植,吴则东,黄林玉. 利用 SCoT 引物鉴别 15 个甜菜品种[J].中国糖料,2020,42(4):36-39.

[71]齐少玮,闫彩燕,郭佳,等. 利用 ISSR 构建甜菜品种指纹图谱[J].中国糖料,2019,41(4):18-23.

[72]任羽,王得元,黄少华,等. RSAP 分子标记技术在园艺植物研究中的应用[J].生物技术通报,2012(1):37-40.

[73]苏鸣. 基于形态标记和分子标记的杜鹃花品种杂交子代真实性研究 [D].宁波:宁波大学,2021.

[74]孙海艳,史梦雅,李荣德,等. 我国甜菜种业发展现状分析及对策建议[J].中国林业,2021(3):1-4.

[75]王凤格,杨扬,易红梅,等. 中国玉米审定品种标准 SSR 指纹库的构建[J].中国农业科学,2017,50(1):1-14.

[76]王欣怡. 新疆陆地棉 SSR 指纹图谱构建及品种真实性和纯度鉴定研究[D].乌鲁木齐:新疆农业大学,2017.

[77]王欣怡,李雪源,龚照龙,等. 基于 SSR 标记新疆陆地棉的 DNA 指纹图谱构建及遗传多样性分析[J].棉花学报,2018,30(4):308-315.

[78]王琰琰,王俊,刘国祥,等. 基于 SSR 标记的雪茄烟种质资源指纹图谱库的构建及遗传多样性分析[J].作物学报,2021,47(7):1259-1274.

[79]王宇晴. 利用 SSR 分子标记确立甜菜品种的取样策略及分子身份证构建[D].哈尔滨:黑龙江大学,2022.

[80]王宇晴,李乔乔,阚文亮,等. 利用 SSR 分子标记构建甜菜登记品种的分子身份证[J].江苏农业科学,2022,50(18):289-294.

[81]王玉杰,冷春旭,孙中义,等. 分子标记技术在农作物种子检测中的应用[J].中国种业,2022(3):38-40.

[82]吴则东. 甜菜栽培品种的 DNA 指纹图谱构建及遗传多样性分析 [D].北京:中国农业科学院,2013.

[83]武辉,侯丽丽,周艳飞,等. 不同棉花基因型幼苗耐寒性分析及其鉴定指标筛选[J].中国农业科学,2012,45(9):1703-1713.

[84]肖复明,张爱生,刘东明. 生化标记及其在植物研究中的应用[J].江西林业科技,2003(5):27-29.

[85]谢小燕. 中国野生菰种质资源遗传多样性的ISSR分析[D].南昌:江西财经大学,2019.

[86]徐晓明,周卫营,曲姗姗,等. 杂交水稻万象优982品种真实性鉴定[J].现代农业科技,2022(24):13-15+19.

[87]闫彩燕,邹奕,马龙彪,等. 利用SRAP引物组合构建甜菜品种的指纹图谱[J].中国农学通报,2019,35(34):40-43.

[88]吅春秀,李有忠,庄振刚,等. 两种电泳方法在分析新陆早系列品种SSR标记结果中的比较与应用[J].分子植物育种,2014,12(5):909-913.

[89]张慧,林萍萍,黄潮华,等. 甘蔗DNA分子指纹图谱研究进展[J].中国糖料,2022,44(1):25-32.

[90]张瑞平,王文洁,王蕊,等. 玉米杂交种新科910指纹图谱构建及其纯度鉴定[J].安徽农业科学,2020,48(9):27-29+33.

[91]张彦苹,曹尚银,初建青,等. 16份石榴RAPD扩增产物的两种电泳方法检测及其序列特征[J].基因组学与应用生物学,2010,29(5):890-896.

[92]赵程杰,钟文,王文良,等. 基于SSR标记的区试棉花品种纯度和真实性鉴定[J].分子植物育种,2020,18(19):6399-6409.

[93]赵久然,王凤格,郭景伦,等. 中国玉米新品种DNA指纹库建立系列研究Ⅱ.适于玉米自交系和杂交种指纹图谱绘制的SSR核心引物的确定[J].玉米科学,2003,11(2):3-5+8.

[94]赵久然,王凤格,易红梅,等. 我国玉米品种标准DNA指纹库构建研究及应用进展[J].作物杂志,2015(2):1-6+170.

[95]周会. 利用分子生物学技术鉴定农作物品种真实性和纯度[D].雅安:四川农业大学,2012.

[96]周青利. 玉米标准DNA指纹库构建方案在多作物中的通用性研究[D].郑州:河南农业大学,2017.

[97]朱尚明,吴则东,兴旺,等. 利用SCoT对甜菜种质资源的鉴定及遗传多

样性分析[J].中国农学通报,2020,36(18):119-123.

[98]朱岩芳.作物品种分子标记鉴定及指纹图谱构建研究[D].杭州:浙江大学,2013.

[99]邹奕,刘乃新,马龙彪,等.甜菜SSR扩增产物不同检测方法的比较研究[J].中国农学通报,2018,34(35):44-47.

[100]左泽彦,吴拥军,罗熹,等.贵州省加工型辣椒资源RSAP分析[J].河南农业科学,2012,41(7):116-119.

附　录

附录1　试验所选的 SSR 引物信息

引物	上游引物序列(5′-3′)	下游引物序列(5′-3′)	退火温度/℃
AW119350	ATCTTCTTGACTTGGCTCTC	ACTGTGAGCAATCATCTACC	T
AW697758	AGACTGAAGATAGAGCAAGGG	AGAAGTAGAAGGCAACTCCAC	T
BI073246	ACGAGGAACAAATCCACACC	CAACACCAGGTCGATGTTTG	T
BI096078	CAATTCCCCTTCCAAAAACA	GCTAAACCAAACCCATGTGC	T
BI543628	GAACTCCTTTGACAGCATCTT	CCTTCAGCATCTCTCTCTCTC	T
BI643126	GTGATGCCCTTCCTATTATC	TTGTAACTCTAAACCAATCGTG	T
BQ487642	ATCAAACTCCTCCTCTGTCTC	TTACAACAACAACAACAACAAA	T
BQ583448	TATTGTTCTAAGGCACGCA	CGCTATCCTCTTCGTCAA	T
BQ584037	TGAGGAGAGAGAAAGTGAAGA	ACCATCAAGCCAATCAGTAA	T
BQ587612	TAACTTCAACCTCAACCTCAA	TTCCGATAACACCATAAACAC	T
BQ588947	AAATAGATGTTACGCCTTTC	TAAACCCATACCTCATACCAA	T
BQ591109	CTCTCTCATTCTCTCTCCCTC	ACACTCAAGCACTCACCACT	T

续表

引物	上游引物序列(5′-3′)	下游引物序列(5′-3′)	退火温度/℃
BQ591966-2	ACATCAACAACAACAACAACA	GAGAGAACAGAGTCCAAAGGT	T
BU089565	GCTTGGGGCACTTGGCATTC	CTATACGTTGTGACCACGTG	T
BU089576	GGTTTGCACTTTTCTTAGATGG	GAGCCAATCAATCTTCAGCC	T
BvFL1	GCGCTATCAAGATTCCACTGCAGCAGAC	CAACTGATTTTACTAGCTCACCAC	T
DX579972	TGGCAAGTGTATGTGTTCTTT	AAGTTCAGTTCAGATTAGTTCAG	T
DX580514	CCTAATGCCTCTTGTGCTAA	ATAGACCTCCTTGTGGGAAAC	T
DX580646	CTCCATTCCAAGGTCCCA	GGTGAGCAGAGTCGGTATT	T
EG551781	ATAACTCTCGCCTACAAATGA	TCTACCTTGCCCGTAAACT	T
EG552348	GGTGGTTATGCTCCTCCT	GGCTTTAGTCTTATTGCTGTG	T
BQ588629	GCAGAAGGTTGAAGAAGAA	AGTCTCAGGATGATGCCC	58
L7	TCCATTTCCAACAACAGCAA	CCAAAGCCAGGAAAGTTGAA	58
L37	TCCATGAATTCTCCGACGA	GGAGGAGAAATGGAGAAAAGG	58
SSD6	GTTCGTTCTCCTGTGGCG	GTTGAGGCCATTGAAGAGGA	58
L47	AGCGAAACTAGGGCAAACAA	GACGATGACGAAGCTGATGA	58
W15	GGGGAGGGTAGCCTTGATAG	GGCATGCAGCAGAGACACTA	58
W31	TCCTCCTCCTTCTCCTTGTTC	GACCTTAACCAGTCACCGGA	58
BVV21	TTGGAGTCGAAGTAGTAGTGTTAT	GTTTATTCAGGGGTGGTGTTTG	60
TC122	GTTTTGGTTCTGGCACGAGT	GGGATCAACGTGAACATCCT	60
BVV23	TCAACCCAGGACTATCACG	GTTTACTGACAAAGCAAATGACCTACTA	58
L16	GTTGAATCAGGTAATGCGGG	TTTCTCCCCGTGAAGATGAC	T

续表

引物	上游引物序列(5′-3′)	下游引物序列(5′-3′)	退火温度/℃
L35	TTCCAACCGATTCTGTCCTC	GCAACTGCGCTTAATCTTCC	T
L48	TGTTGCCTTGACTGTTGCTC	GAGGGGAAGTGGGAAAGAAG	T
L57	CCAGTGGGTAGTGAAGCCAT	CTCCGCTTCCGAATTATCAG	T
L59	TCTAGGGAGCTGGATGAGGA	AGTCCATTAACGACATCCGC	T
L70	GCTGATGATCTTGTGGAGC	TTGGTTTAGGCTGGAATTGG	T
LNX47	TGAACAAAGGCAACACCAAC	GATTAAGAGGACGGTGCCAA	T
TC55	CCAATTTTCGACCTTACCCA	CTTTTGAAGCCCAACTCCAC	T
W21	GTGAGTATTCGGGAGATGGC	GAAGCAAAAGCAATGGAAAA	T
2170	TTTCTGTCTCCTCTAAATCAGC	GTACTCTCCATCTCCATGCTT	55
2305	TACTAAAACCCTACGAACTCCA	TACACCTGTGATTGTCAGAAGA	55
7492	GCTTCTTCTCATTAGGAACAC	CACGTATTGTTGCCATATCTC	55
11965	TTGAGTATTTTCGTCGGC	CATCTACATCAGTTTTCCCTTC	55
14118	AAGTCTAACACCAGAATCCAGA	AACCAGAGAGAATATGAGGATG	55
15915	TTAGGTCTCTACAACTGATCCC	TAGGGTCATAGGCAGTAAGATT	55
16898	AGAACTTAGATTGTGACCTGCT	GATGGGAAGAGAGAGATTAGTG	55
17623	ATTACACCTCAATCTTCCAGC	AATAATGGCAATCTACCAGC	55
17923	AACCTTACTCCCTCTGATTTCT	GGAGATACAACTTACAAGAGCC	55
18963	CACTACCCCTTGTTTATCTTCA	GGAAAATCTTGCTTCATTCC	55
24552	AACATCTCACTCATCCTTCTTC	ATGATAGCAAACGACTAGCAG	55
26391	CAGAATACACTTGGTGAGATGA	TACTATGTTGTTGCTGCTGTG	55

续表

引物	上游引物序列(5′-3′)	下游引物序列(5′-3′)	退火温度/℃
26753	GAGAAACAAATTCACCCATC	GTAGTGGAAGTAAAAGCACCA	55
27374	ATTTTAGGTGAATGGTGGTG	GCTATAAGGCAAAAGGATGAC	55
27906	GAGCAGCAAACATGATAAGA	GAAAACAGTGAGTATGGGTCTA	55
57236	TTGGAGAGAGAAAAGAGAGAAG	ATCCCTTGACAGTAGAACTCC	55
62524	GAGATTCATTCACCTTGCAC	GGGAGATGCTTAGTTTTGTTAG	55
77067	CTTTAGTGTAGCGTTAGAGCG	TAACAGCAGGACTGGAGAAG	55

注:T 为 Touchdown。

附录 2 试验所选 RSAP、DAMD 和 SCoT 引物信息

引物	引物序列(5'-3')	退火温度/℃	引物	引物序列(5'-3')	退火温度/℃
Rs1	ATTACAACGAGTGGATCC	35/52	URP32F	TACACGTCTCGATCTACAGG	T
Rs2	CACAGCACCCACTTTAAA	35/52	SCoT1	CAACAATGGCTACCACCA	T
Rs3	GACTGCCTACATGAATTC	35/52	SCoT2	CAACAATGGCTACCACCC	T
Rs4	TATCTGCTGAGGGATATC	35/52	SCoT5	CAACAATGGCTACCACGA	T
Rs5	TTGGGATATCGGAAGCTT	35/52	SCoT4	CAACAATGGCTACCACCT	T
Rs6	ATTTCAGCACCCACGATC	35/52	SCoT7	CAACAATGGCTACCACGG	T
Rs7	ATAGTCCTGAGCGGTTAA	35/52	SCoT12	ACGACATGGCGACCAACG	T
Rs8	ATAACTGTGTACCTGCAG	35/52	SCoT13	ACGACATGGCGACCATCG	T
Rs9	GTACATGCATTACTGCGA	35/52	SCoT14	ACGACATGGCGACCACGC	T
Rs10	ATTGGACTGGTCTCTAGA	35/52	SCoT15	ACGACATGGCGACCGCGA	T
OGRB01	AGGGCTGGAGGAGGGC	T	SCoT16	ACCATGGCTACCACCGAC	T

续表

引物	引物序列(5'-3')	退火温度/℃	引物	引物序列(5'-3')	退火温度/℃
URP1F	ATCCAAGGTCCGAGACAACC	T	SCoT17	ACCATGGCTACCACCGAG	T
URP2R	AGGACTCGATAACAGGCTCC	T	SCoT21	AGGACATGGGCGACCCACA	T
URP4R	TACATCGCAAGTGACACAGG	T	SCoT23	CACCATGGCTACCACCAG	T
URP6R	GGCAAGCTGGTGGGAGGTAC	T	SCoT34	ACCATGGCTACCACCGCA	T
URP13R	CCCAGCAAACTGATCGCACAC	T	SCoT36	GCAACAATGGCTACCACC	T
URP17R	AATGTCGGCAAGCTGGTGGT	T	SCoT66	ACCATGGCTACCAGCCAG	T

注:T 为 Touchdown;32/52 ，两步法 PCR 反应程序退火温度,先 35 ℃,后 52 ℃。

附录 3　111 个甜菜品种 DNA 指纹数据

编号	引物名称			
	2305	Rs1/Rs3	URP6R	SCoT13
1	0010000001000	1000001011001001	0010001000000010000010001	0001000000000010000000000000
2	0100001010000	1000001110001001	0001001000000000000000001	00000011000100100000100000100
3	1100110000000	1100010100101011	0000101000101000000000001	00010101000010000100000000010
4	0110011010110	1100011110101010	0000001000000010000000001	00000000000001000000010001001
5	0101001010000	1010010110001000	1011010100001000100010011	0000000000000000100000000000
6	0100000000000	1000000110101010	0100000000100000000000011	00110101000000001000001000000
7	0100001000000	1100010110001010	1000001010110010000010001	01000010000100101000001000101
8	1110000000110	1100111110000100	0001010100010000010000101	00101111010000010000001000101
9	0010000001001	1000010101101000	1000001010100000000001001	00001000000000100000100000000
10	1100000000000	0100011110000110	0101001010010000000100101	01010010010010000000100000000

续表

编号	引物名称			
	2305	Rs1/Rs3	URP6R	SCoT13
11	0100001000000	1001011000100110	0000000100000000000000001	0101001000100100000100100000
12	0100001000000	1101010100001000	1000101010001000100000101	0101010000100000000000000000
13	0101001000000	1001011110000111	00101101101000001100001	0000001001100000000001010101
14	0100101000000	1000011110101010	010001101000000101000000	00000000001011000000010101101
15	0101001000000	1101010101001010	1001101000000010000000001	0010000000010101001010010010
16	0010000001001	1100010110101010	0100000000000000011001	01000000000010000101001000100
17	0010000001001	1000001011000010	101011001000000000000001	0100000000000010100000000101
18	0010000001001	1000010110101010	00010010101000000000001001	00010001000000000000001010
19	0010000001001	1000001011001001	00010101001001000010000001	0101011000010001010010000101
20	0010000001001	1000011011000011	001101110001010000100100000	000001111010101010101001000
21	0100001010000	1000011110010100	1000000001000000000000001	0010010001000000001001001000
22	1100011110000	1010011100001000	100010010001001000010010001	01010110001011000100100000010

续表

编号	2305	Rs1/Rs3	引物名称 URP6R	SCoT13
23	010000101000	10010101010000100	01101100101000100010000001	0100000000000001001000100000100000
24	110010010110	10010101011010	0110100100000010000100001	00000010011000000010000100001000
25	010100100000	101101100000100	1001010100010000100000001	000000100101000100000000000000
26	110001111000	10000101100000100	1001010100010000000000011	01000010000010010010001010100
27	100010000000	101001011000000	0100001010100000010000001	10000000000100000000000000000
28	110011000000	100101110010100	100010100010100000000001	010000100010010000000000000000
29	010101010000	100101110000110	10110101000001000000000001	000100011101010000000000100100
30	010000101000	100001101001001	0001001010000000000000001	0000001111011000000001100011000
31	010001110000	10000111100011010	101101100100000100000001	0100000010001000100000100001000
32	110101111000	10100111000010000	0100000100000000001000000001	000000100001100001010100010100
33	001000000111	100000011000100	1010100100000100010000000001	010101001010100001001000000000
34	010100100000	1001011000010011	0110101000010010000100010001	00000101000100100101000000010000100

续表

编号	引物名称			
	2305	Rs1/Rs3	URP6R	SCoT13
35	110010101000000	101001111000001000	101010100100000010000000001	10000000000000010000001000100
36	010000000000	110011110001110	111010010010010100000001011	00000001010010010000010101000
38	010000000000	100100110000101	001100100010100000000001	00010001000010001000001000001
39	010001000000	100000110001001	011100010000100000000001011	00010001010010010000010000001
40	110010101000000	100001110000101	011010010010000000000001	01001010000000000000000100
41	010001000000	100010011000100	100000101000000000000011	00000000010000000100010000000
42	010000000000	100010111000011010	100000101010000000000001	0101001010100000000000000
43	101001000110	101011011000101010	100010101010010000010000001	00010010010010001011110000
44	010000011000	101001010001000	110100101010010000010000001	00010001000100100000000000
45	010000000000	100000110001011	010101010010010000000010001	00000000000001000000010101000
46	001000000110	110100100010011	011010010010100000100000001	00010010010100001000010001001
47	010000000000	010001100010110	100100010000100000000000101	00010010000000000000010101100

续表

编号	引物名称			
	2305	Rs1/Rs3	URP6R	SCoT13
48	0100000000000	1011011110001000	1000100010000000000000000001	0001000000000000000000100
49	0100000000000	0000000000101011	0001010100011001010100001001	0010010010101000000000001000
50	0100000000000	0100011100000110	1010010100011000000000000001	0000100010000000000000000
51	0100000000000	0100001100100110	0000010100010001000000001	0001110000000000000001000
52	0100000000000	0000000100101011	0101010100101000000000001	0101001000101011001000000000
53	0100000000000	0100011000100110	1001001000000000000000000001	0100000000010000000000000
54	0100000000000	1000011100101110	0000000000000001000000001	0000000000000000000000001
55	0010000001001	1000010110001000	1010010101010110101100000001	0010010101000100000000000000
56	0010000001000	1000010100001000	1000000100000000000000001	1001010001000000000011001110
57	0010000001001	1000010100001000	1001010101000100000000000001	0000001000010000000010010
58	0010000001000	1000010110001000	1010010100010000000000000001	0010010000000000000101010
59	0010000001001	1000010110001001	0001001101110100010010001001	0101001000000011100010001000

续表

编号	引物名称			
	2305	Rs1/Rs3	URP6R	SCoT13
60	001000001001	1000010110001000	01001000100001000000000001	0100000001000000001000010001
61	001000001001	1000010110001001	00100100100010000000000011	0000010010101010100000110011
62	010000000000	1000010000010000	10000010001000000000000011	0000010001001000000000110010
63	010100100000	1011011000000110	01000000100000000000000001	0000100000010101001000111101
64	010001101000	1000011110001000	10000010010000000000000001	0000000010000000010000100111
65	010000011000	1011011110001001	00101010100010000000000001	0100000000100000000000010010
66	010000101000	1011010100001000	10010001000010000000000001	0000000000010100000000000010
67	100010000000	1010011100001000	01000011101000000000000001	0010000010011000010000000000
68	110100110000	1000011100001100	01001000100100000000001001	0100000001000100010010001111
69	010100100000	1001011110000110	10101010100011000001000101	0000000010000100010001100011
70	011000111011 0	1101011100011100	10000010100000000000000001	0100101000010001000000000101
71	110100111000 0	1000011110011110	10101010100001000000001011	0000010000100000000000000000

137

续表

编号	引物名称			
	2305	Rs1/Rs3	URP6R	SCoT13
72	1101001110000	1000001110000 1001	0011010010100100000000001	0000000100000000100010000000100
73	1100101000000	1000011110001001	0101010010011100000001001	0100000000010000000000000000
74	1101001110000	1000011100001001	0001010100010100101010010011	0100001000011000000010100000001
75	0000000000000	1000001100011000	0110101010000010000100000000	0000001000000000000000100001
76	1000101000000	1000011100001011	0011010010100010000000001	0010000100000000000100110101
77	1000101000000	1000001100001011	1010101001000000000000001	0000001000000000000100101001
78	1100101000000	1000011100001000	0100010101000000100010000001	0010000101000011110000000
79	1000101000000	1000101100001000	0101010101000001000100000000	0100000010000100001000111111
80	0000101000000	1000010100001010	0000000110000000010000000000	0100000100000001011001000000
81	1000001000000	1000011100001001	0011010100000010100010000001	0000010100001000010001001000010
82	0000011000000	1001010000000101	0101010010010001001001010C1	0010001000000010000000000000
83	0010000010000	1000010101001000	1010101010100000100000000001	0000000110100000010000010010

138

续表

编号	引物名称			
	2305	Rs1/Rs3	URP6R	SCoT13
84	0000000000000	1000010100001000	1010101010100100000000000001	0000010100000010100000000100
85	0100001000000	0000000100011011	0001010100000100000000000001	0100000110001001001000000000
86	0100001010000	1000000010001001	0010110010000001000000000011	0101001001000000000000000001
87	0100001010000	1001000100001001	0001010010010010100000000001	0000000000010000000000110000
88	0100001000000	1000010000001000	1010100010001000000000000001	0100001000001010000000001000
89	0000000000000	0000000100000111	0000110101010100010001100001	0010000100101000100101100011
90	1000010000000	1001010100001000	1001010100100100100000000001	0001010000001010010010001001
91	0100011010000	1000000100000100	1000100100101110000000000001	0000010000001000000000000001
92	0000010000000	0000011100000101	0010100100000010010100000001	0000010101001000010000100000
93	0000000000000	1001010100001001	0101000101010111001001000001	1001011000000000000011001001
94	0100000110000	1000010000000100	1000010100100010000000000001	0000010010010000000000000000
95	0000000000000	1000010110001000	1010101010100100010000000001	0010101010000001000000000010

续表

编号	引物名称			
	2305	Rs1/Rs3	URP6R	SCoT13
96	0000000000000	1000011010001000	0000010010010101000100000000001	0000000001000000000000000000000
97	0000000000000	0000010100000111	0001010100101010100000000000001	0000001000011000100100110011110
98	0000000000000	0000001000011010	0101010100000010000000001	0001010000001000010000000001
99	0100011010000	1000010110001000	1010101010101000010000000	0001010000000010000000000110
100	0101001010000	1001011000001000	0101010100000000000000001	0000000000000000001100011010
101	0000001000000	1001011000000111	0001010100101010010000000	0000010001000000000000000000
102	1010011101100	1001010100001000	0101010100000010000010000000	0101010010000010000001000001
103	0110001010000	1001010100001010	1001010000001000000000001	0101010010000010000000100100
104	1110101110010	1000001010000100	0100010100000010000000000001	0101010010000000001000010000
105	0110001010000	1000010100011000	0100010000010100000000000001	0010010010001001110000001001
106	0101001010000	1000011010001000	1000101010000010000000000001	0001000110100010000000000000
107	0101011000000	1001010110000110	0000000000000000000000000000100	0000100000000010000010001110010

续表

编号	引物名称			
	2305	Rs1/Rs3	URP6R	SCoT13
108	000000001000000	10000101011001010	0100010010001000000000000001	0101000100100000100001000010000
109	101010101000000	10000101011101011	0000101001000001000000000001	0101010100100000000000010110
110	011000100100	10000101011011010	1000101010000100100000000001	0001010100100000000000010000011
111	011110100100000	10000101000011000	1010101010000000000000000001	0100010100010010000001000011

附录 4　供试材料分子身份证字符串信息

　　通过 UPGMA 聚类分析法,基于最少引物区分最多品种的原则,剔除条带不清晰的引物,筛选出了 6 对(引物 2305、TC122、4118、L7、L37、L59)能够完全区分 111 个甜菜登记品种的优质引物。用上述 6 对引物标记构建甜菜登记品种的数字 DNA 分子身份证字符串(见附表 4-1),字符串由代表引物字母标注和引物扩增出的 0、1 数据集组成。A~F 字母标注是按照引物多态性由高到低排列,排序为 L37、2305、TC122、4118、L7 及 L59。以 1 号品种 HI0936 为例,其数字 DNA 分子身份证字符串为 A1110B0000001C010010D11111E11011F111。将上述 DNA 分子身份证字符串以及对应的品种信息导入,利用二维码在线技术转化成可扫描的二维码,从而成功构建出 111 个甜菜登记品种的 DNA 分子身份证。

附表 4-1　分子身份证字符串

品种名称	分子身份证字符串
HI0936	A1110B0000001C010010D11111E11011F111
VF3019	A1110B0000001C010010D11111E11011F101
SS1532	A1111B0110011C111011D11111E00110F111
BETA796	A1011B1110111C000110D11101E11011F111
BETA468	A1011B0000001C000110D11111E10110F111
BETA176	A1011B0110011C010010D10101E10110F001
KUHN8060	A1011B0110011C010010D10101E00110F011
KUHN1178	A1011B0111011C010010D10101E10110F111
KUHN9046	A1011B0111011C000010D10101E11110F101
SV1375	A1111B0110010C000010D10101E11110F101

续表

品种名称	分子身份证字符串
HX910	A1011B0110011C111110D11101E00110F111
H003	A1010B0110011C010010D11101E00110F101
LS1210	A1011B0000001C011111D11101E11111F101
LS1321	A1011B0010001C011111D11101E11111F101
AK3018	A0110B1010101C110110D11111E11111F111
RIVAL	A1011B0110011C000010D11101E11110F101
GGR1609	A0001B1000101C011111D11101E11111F001
Flores	A1111B1010111C110110D11111E11111F001
MK4062	A1111B0010011C010010D11101E00110F001
H004	A0111B0010001C010010D11101E11110F111
LS1216	A0001B0000001C011110D11101E11111F001
SX181	A1111B0010011C010010D11101E10110F111
KUHN1001	A1111B0010011C010010D11101E00111F101
MA10-6	A1111B1110011C111010D11111E11111F101
MA11-8	A1111B0000001C110110D11111E11011F111
LS1318	A1010B0000001C011111D11111E10111F111
LN80891	A1011B0000001C011111D11111E10110F111
SV1434	A1111B0110011C100010D11101E00110F101
KWS1231	A0001B0110001C001011D11101E11111F111
BTS2730	A1111B0110011C001111D10101E11110F111
BTS5950	A0011B0110011C001010D01100E11110F111

续表

品种名称	分子身份证字符串
BTS8840	A1011B1000101C001010D11101E01011F111
KWS2314	A1111B0010011C101111D11101E11110F111
SV1366	A1111B0010011C000010D11101E00110F101
SX1511	A1011B0011011C000010D11101E11110F101
SX1512	A1011B0010011C000010D10101E11110F111
XJT9907	A1011B0001001C110110D11111E11110F101
KUHN1387	A0001B0110011C000010D10101E11110F101
SV893	A1011B0010011C000010D10101E11110F101
MK4162	A1011B0110011C110010D11011E10110F011
MK4085	A1011B0111011C000010D11101E10110F011
SV1588	A1011B0111011C000010D11101E10110F001
KUHN1260	A1011B0001001C010010D11101E10110F111
KUHN1357	A1111B0110011C011011D11011E11110F101
BTS2860	A1011B0000001C100110D11101E11110F111
NT39106	A1011B0110011C010010D11101E11110F111
KUHN1280	A0011B0010010C010010D11101E11110F001
KWS3354	A1111B0111011C011010D11101E11111F111
SV1752	A1011B0011011C000010D11101E11110F111
KUHN1277	A1111B0011011C000010D11111E00110F111
SX1517	A1111B0110011C010010D11101E10110F101
KWS3410	A1111B0010001C110111D11101E11111F111

续表

品种名称	分子身份证字符串
KUHN4092	A1111B0110011C000010D10111E10110F101
KWS7125	A1111B0000001C011111D11100E10110F011
KTA1118	A1011B1110111C110010D11110E11111F111
KWS5599	A1111B1001111C000010D11111E10111F111
KWS6661	A1111B0110011C100110D11100E11111F111
HDTY02	A1111B0111011C110111D11101E11111F111
航甜单0919	A1111B0010011C110010D11101E11111F101
LS1805	A1111B0000001C011110D11111E11110F101
LN1708	A1011B0000001C011110D11101E10110F001
LN17101	A1111B0000001C011111D11111E10110F111
IM1162	A1011B0111011C000010D11101E10110F101
KUHN5012	A0111B1110111C011111D11111E10110F111
MK4044	A1111B0010011C010010D11101E00110F101
H7IM15	A1111B0010011C010010D11101E11111F111
SR496	A1111B0110011C010010D11101E00110F111
IM802	A1011B0110011C010010D11101E00110F111
SV1555	A1111B0110011C110110D11001E10110F101
SR-411	A1111B0111011C000010D11111E10110F101
SV1433	A1111B0011011C011111D11111E10110F111
HI0479	A1111B1100111C110110D11110E11111F101
HI0474	A1111B0100001C110110D11110E11111F101

续表

品种名称	分子身份证字符串
HI1003	A1111B1100101C010010D11111E11111F111
HI1059	A1111B1100101C100110D11110E11111F111
H809	A1011B0011011C010010D10101E11111F101
KWS1176	A0001B0000001C110110D01100E00011F111
KWS4502	A1111B0000001C001010D11101E10110F111
KWS9147	A1011B0100101C010011D11110E00110F111
KWS1197	A1011B0000001C001111D10101E11111F111
MA097	A0110B1110101C110110D10110E11111F001
MA104	A0110B1100101C110110D10110E10110F001
MA3005	A0110B1100101C111111D10110E11111F111
MA3001	A0010B1100101C110110D10110E11111F001
MA2070	A0110B1100101C110110D10110E11111F001
BETA240	A1110B0110011C100110D11101E11111F111
PJ1	A1111B0110011C010010D10101E11111F111
爱丽斯	A1110B0110011C111011D11101E11111F111
KUHN8062	A1111B0110011C111111D11101E11110F111
LN90910	A0000B0000001C011111D11111E10110F111
甘糖 7 号	A0000B0000001C011111D11111E10110F111
CH0612	A1111B0010011C010010D10101E10110F111
KUHN814	A1110B0001001C010010D10110E11111F111
新甜 15 号	A1111B1111111C111111D11101E11110F111

续表

品种名称	分子身份证字符串
新甜 14 号	A1110B1111111C111111D10101E11111F111
Elma1214	A1011B0010011C011111D10111E10110F111
KWS9442	A1111B0000011C001111D11101E10110F001
KWS0469	A1111B0000001C011011D01100E00110F111
XJT9911	A1111B1111111C111111D11111E11110F001
XJT9909	A1111B1111111C011111D11111E11111F111
XJT9908	A1110B0011111C001111D11110E11110F111
BTS705	A1111B0110011C010010D11111E11111F111
KUHN1125	A1110B0010011C010010D11101E10110F111
KWS3928	A1111B0110011C100110D01100E10110F111
SV2085	A1110B0010011C010010D11100E00110F111
MK4187	A1111B0111011C001111D11111E10110F111
KWS3935	A1111B0000011C100110D11101E11111F111
ZT6	A1110B0110111C101111D10100E11111F001
LN90909	A0001B0000011C011111D10101E10110F001
甜研 312	A1110B0111111C111111D10101E11110F101
甜研 208	A1110B0110111C111111D11111E11111F111

附录 4-2 111 个甜菜登记品种分子身份证

HI0936

品种名称
HI0936

指纹信息
A1110B0000001C010010D11111E11011F111

父母本来源
MS-428 × POLL-407

育种公司
MariboHilleshog ApS麦瑞博西索科有限公司

胚性
单胚

HI0936

VF3019

品种名称
VF3019

指纹信息
A1110B0000001C010010D11111E11011F101

父母本来源
M028×P2-4260

育种公司
荷兰威菲尔德农业科技有限公司（V-Field Agro-Tech B.V）

胚性
单胚

VF3019

SS1532

品种名称
SS1532

指纹信息
A1111B0110011C111011D11111E00110F111

父母本来源
MsFD4×SNH1-11

育种公司
石河子农业科学研究院

胚性
单胚

SS1532

BETA796

品种名称
BETA796

指纹信息
A1011B1110111C000110D11101E11011F111

父母本来源
BTSMS94213×BTSP90127

育种公司
美国BETASEED公司

胚性
单胚

BETA796

品种名称
BETA468

指纹信息
A1011B0000001C000110D11111E10110F111

父母本来源
BTSMS92033 × BTSP94321

育种公司
美国BETASEED公司

胚性
单胚

BETA468

品种名称
BETA176

指纹信息
A1011B0110011C010010D10101E10110F001

父母本来源
BTSMS94897 × BTSP92358

育种公司
美国BETASEED公司

胚性
单胚

BETA176

品种名称
KUHN1178

指纹信息
A1011B0111011C010010D10101E10110F111

父母本来源
KUHN MS 5335×KUHN POL 9933

育种公司
荷兰安地国际有限公司

胚性
单胚

KUHN8060

品种名称
KUHN1178

指纹信息
A1011B0111011C010010D10101E10110F111

父母本来源
KUHN MS 5335×KUHN POL 9933

育种公司
荷兰安地国际有限公司

胚性
单胚

KUHN1178

品种名称
KUHN9046

指纹信息
A1011B0111011C000010D10101E11110F101

父母本来源
KUHN MS5630×KUHN POL9969

育种公司
荷兰安地国际有限公司

胚性
单胚

KUHN9046

品种名称
SV1375

指纹信息
A1111B0110010C000010D10101E11110F101

父母本来源
M5675 × POL9923

育种公司
荷兰安地国际有限公司

胚性
单胚

SV1375

品种名称
HX910

指纹信息
A1011B0110011C111110D11101E00110F111

父母本来源
SVDH MS2532 × SVDH POL4889

育种公司
荷兰安地国际有限公司

胚性
单胚

HX910

品种名称
H003

指纹信息
A1010B0110011C010010D11101E00110F101

父母本来源
SVDH MS 2543×SVDH POL 4779

育种公司
荷兰安地国际有限公司

胚性
单胚

H003

品种名称
LS1210

指纹信息
A1011B0000001C011111D11101E11111F101

父母本来源
1FC607×RM9920

育种公司
英国莱恩种业

胚性
单胚

LS1210

品种名称
LS1321

指纹信息
A1011B0010001C011111D11101E11111F101

父母本来源
RZM.899.21 × F1DM90.78

育种公司
英国莱恩种业

胚性
单胚

LS1321

品种名称
AK3018

指纹信息
A0110B1010101C110110D11111E11111F111

父母本来源
M-020 × P2-4850

育种公司
荷兰威菲尔德农业科技有限公司（V-Field Agro-Tech B.V）

胚性
单胚

AK3018

品种名称
RIVAL

指纹信息
A1011B0110011C000010D11101E11110F101

父母本来源
TM6102×TD6202

育种公司
荷兰安地国际有限公司

胚性
单胚

PIVAL

品种名称
GGR1609

指纹信息
A0001B1000101C011111D11101E11111F001

父母本来源
1DM905×SI.09.05

育种公司
WIELKOPOLSKA HODOWLA BURAKA CU
KROWEGO公司

胚性
单胚

GGR1609

品种名称
Flores

指纹信息
A1111B1010111C110110D11111E11111F001

父母本来源
M-020 × P2-07

育种公司
MariboHilleshog ApS麦瑞博西索科有限公
司

胚性
单胚

Flores

品种名称
MK4062

指纹信息
A1111B0010011C010010D11101E00110F001

父母本来源
KUHN MS5378×KUHN POL9958

育种公司
荷兰安地国际有限公司

胚性
单胚

MK4062

品种名称
H004

指纹信息
A0111B0010001C010010D11101E11110F111

父母本来源
SVDH MS 2555×SVDH POL 4883

育种公司
荷兰安地国际有限公司

胚性
单胚

H004

品种名称
LS1216

指纹信息
A0001B0000001C011110D11101E11111F001

父母本来源
1FC700×SI.9921

育种公司
英国莱恩种业

胚性
单胚

LS1216

品种名称
SX181

指纹信息
A1111B0010011C010010D11101E10110F111

父母本来源
SVDH MS2388×SVDH POL2329

育种公司
荷兰安地国际有限公司

胚性
单胚

SX181

151

品种名称
KUHN1001

指纹信息
A1111B0010011C010010D11101E00111F101

父母本来源
KUHN MS0348×KUHN POL1129

育种公司
荷兰安地国际有限公司

胚性
单胚

KUHN1001

品种名称
MA10-6

指纹信息
A1111B1110011C111010D11111E11111F101

父母本来源
M-023×P2-31

育种公司
MariboHilleshog ApS麦瑞博西索科有限公司

胚性
单胚

MA10-6

品种名称
MA11-8

指纹信息
A1111B0000001C110110D11111E11011F111

父母本来源
M-02×P2-32

育种公司
MariboHilleshog ApS麦瑞博西索科有限公司

胚性
单胚

MA11-8

品种名称
LS1318

指纹信息
A1010B0000001C011111D11111E10111F111

父母本来源
SI.55.92×1FCDM7

育种公司
英国莱恩种业

胚性
单胚

LS1318

品种名称
LN80891

指纹信息
A1011B0000001C011111D11111E10110F111

父母本来源
1F17D78.1×RMSF1

育种公司
英国莱恩种业

胚性
单胚

LN80891

品种名称
SV1434

指纹信息
A1111B0110011C100010D11101E00110F101

父母本来源
SVDHMS2558×SVDHPOL4884

育种公司
荷兰安地国际有限公司

胚性
单胚

SV1434

品种名称
KWS1231

指纹信息
A0001B0110001C001011D11101E11111F111

父母本来源
KWSMS9653×KWSP9150

育种公司
KWS SAAT SE

胚性
单胚

KWS1231

品种名称
BTS2730

指纹信息
A1111B0110011C001111D10101E11110F111

父母本来源
675JF17×085S_11

育种公司
美国BETASEED公司

胚性
单胚

BTS2730

品种名称
BTS5950

指纹信息
A0011B0110011C001010D01100E11110F111

父母本来源
716BJ48×215PN10

育种公司
美国BETASEED公司

胚性
单胚

BTS5950

品种名称
BTS8840

指纹信息
A1011B1000101C001010D11101E01011F111

父母本来源
221JF13×031S_11

育种公司
美国BETASEED公司

胚性
单胚

BTS8840

品种名称
KWS2314

指纹信息
A1111B0010011C101111D11101E11110F111

父母本来源
KWSMS9984×KWSP9091

育种公司
KWS SAAT SE

胚性
单胚

KWS2314

品种名称
SV1366

指纹信息
A1111B0010011C000010D11101E00110F101

父母本来源
SVDH MS2562×SVDH POL4900

育种公司
荷兰安地国际有限公司

胚性
单胚

SV1366

品种名称
SX1511

指纹信息
A1011B0011011C000010D11101E11110F101

父母本来源
SX MS3159×SX POL6773

育种公司
荷兰安地国际有限公司

胚性
单胚

SX1511

品种名称
SX1512

指纹信息
A1011B0010011C000010D10101E11110F111

父母本来源
SX MS3162×SX POL6771

育种公司
荷兰安地国际有限公司

胚性
单胚

SX1512

品种名称
XJT9907

指纹信息
A1011B0001001C110110D11111E11110F101

父母本来源
JTD201A×M39-8-4

育种公司
新疆农业科学院经济作物研究所

胚性
单胚

XJT9907

品种名称
KUHN1387

指纹信息
A0001B0110011C000010D10101E11110F101

父母本来源
MS 3718X POL4721

育种公司
荷兰安地国际有限公司

胚性
单胚

KUHN1387

品种名称
SV893

指纹信息
A1011B0010011C000010D10101E11110F101

父母本来源
M5724×POL9438

育种公司
荷兰安地国际有限公司

胚性
单胚

SV893

品种名称
MK4162

指纹信息
A1011B0110011C110010D11011E10110F011

父母本来源
KUHN MS5386×KUHN POL9962

育种公司
荷兰安地国际有限公司

胚性
单胚

MK4162

品种名称
MK4085

指纹信息
A1011B0111011C000010D11101E10110F011

父母本来源
KUHN MS5375×KUHN POL9954

育种公司
荷兰安地国际有限公司

胚性
单胚

MK4085

品种名称
SV1588

指纹信息
A1011B0111011C000010D11101E10110F001

父母本来源
SVDH MS2563×SVDH POL4901

育种公司
荷兰安地国际有限公司

胚性
单胚

SV1588

品种名称
KUHN1260

指纹信息
A1011B0001001C010010D11101E10110F111

父母本来源
KUHN MS5353×KUHN POL9930

育种公司
荷兰安地国际有限公司

胚性
单胚

KUHN1260

品种名称
KUHN1357

指纹信息
A1111B0110011C011011D11011E11110F101

父母本来源
KUHN MS5361×KUHN POL9940

育种公司
荷兰安地国际有限公司

胚性
单胚

KUHN1357

品种名称
BTS2860

指纹信息
A1011B0000001C100110D11101E11110F111

父母本来源
6BJ4873×7BR0770

育种公司
美国BETASEED公司

胚性
单胚

BTS2860

品种名称
NT39106

指纹信息
A1011B0110011C010010D11101E11110F111

父母本来源
N9849×(R-Z1×HBB-1)

育种公司
内蒙古自治区农牧业科学院特色作物研究所

胚性
单胚

NT39106

品种名称
KUHN1280

指纹信息
A0011B0010010C010010D11101E11110F001
1

父母本来源
KUHN MS5654×KUHN POL9989

育种公司
荷兰安地国际有限公司

胚性
单胚

KUHN1280

品种名称
KWS3354

指纹信息
A1111B0111011C011010D11101E11111F111

父母本来源
0JF1612×1RV7106

育种公司
KWS SAAT SE

胚性
单胚

KWS3354

品种名称
SV1752

指纹信息
A1011B0011011C000010D11101E11110F111

父母本来源
SVDH MS2564×SVDH POL4908

育种公司
荷兰安地国际有限公司

胚性
单胚

SV1752

品种名称
KUHN1277

指纹信息
A1111B0011011C000010D11111E00110F111

父母本来源
KUHN3565×KUHN POL9019

育种公司
荷兰安地国际有限公司

胚性
单胚

KUHN1277

品种名称
SX1517

指纹信息
A1111B0110011C010010D11101E10110F101

父母本来源
SX MS3262×SX POL6171

育种公司
荷兰安地国际有限公司

胚性
单胚

SX1517

品种名称
KWS3410

指纹信息
A1111B0010001C110111D11101E11111F111

父母本来源
0JF1606×1RV7101

育种公司
KWS SAAT SE

胚性
单胚

KWS3410

品种名称
KUHN4092

指纹信息
A1111B0110011C000010D10111E10110F101

父母本来源
KUHN MS5376×KUHN POL9955

育种公司
荷兰安地国际有限公司

胚性
单胚

KUHN4092

品种名称
KWS7125

指纹信息
A1111B0000001C011111D11100E10110F011

父母本来源
4J_1981×7S_1104

育种公司
KWS SAAT SE

胚性
单胚

KWS7125

品种名称
KTA1118

指纹信息
A1011B1110111C110010D11110E11111F111

父母本来源
FMS12-1×FD12-9

育种公司
Kutnowska Hodowla Buraka Cukrowego S
p.zo.o

胚性
单胚

KTA1118

品种名称
KWS5599

指纹信息
A1111B1001111C000010D11111E10111F111

父母本来源
1EP1430×1S_1103

育种公司
KWS SAAT SE

胚性
单胚

KWS5599

品种名称
KWS6661

指纹信息
A1111B0110011C100110D11100E11111F111

父母本来源
3JF1881×3RV6362

育种公司
KWS SAAT SE

胚性
单胚

KWS6661

品种名称
HDTY02

指纹信息
A1111B0111011C110111D11101E11111F111

父母本来源
Dms2-1×WJZ02

育种公司
黑龙江大学

胚性
单胚

HDTY02

157

品种名称
航甜单0919

指纹信息
A1111B0010011C110010D11101E11111F101

父母本来源
TH8-85 ×TH5-207

育种公司
黑龙江大学

胚性
单胚

航甜单 0919

品种名称
LS1805

指纹信息
A1111B0000001C011110D11111E11110F101

父母本来源
1QM1,0DM78×EE241

育种公司
英国莱恩种业

胚性
单胚

LS1805

品种名称
LN1708

指纹信息
A1011B0000001C011110D11101E10110F001

父母本来源
1QM1n,0DM78n×EE241

育种公司
英国莱恩种业

胚性
单胚

LN1708

品种名称
LN17101

指纹信息
A1111B0000001C011111D11111E10110F111

父母本来源
1QM1n,0DM78n×SI2642

育种公司
英国莱恩种业

胚性
单胚

LN17101

品种名称
IM1162

指纹信息
A1011B0111011C000010D11101E10110F101

父母本来源
SVDH MS2551 × SVDH POL4830

育种公司
荷兰安地国际有限公司

胚性
单胚

IM1162

品种名称
KUHN5012

指纹信息
A0111B1110111C011111D11111E10110F111

父母本来源
MS3537×POL4771

育种公司
荷兰安地国际有限公司

胚性
单胚

KUHN5012

品种名称
MK4044

指纹信息
A1111B0010011C010010D11101E00110F101

父母本来源
M5774×POL9418

育种公司
荷兰安地国际有限公司

胚性
单胚

MK4044

品种名称
H7IM15

指纹信息
A1111B0010011C010010D11101E11111F111

父母本来源
SVDH MS 2547 × SVDH POL 4894

育种公司
荷兰安地国际有限公司

胚性
单胚

H7IM15

品种名称
SR496

指纹信息
A1111B0110011C010010D11101E00110F111

父母本来源
SVDH MS2542 × SVDH POL4773

育种公司
荷兰安地国际有限公司

胚性
单胚

SR496

品种名称
IM802

指纹信息
A1011B0110011C010010D11101E00110F111

父母本来源
SVDH MS8835 × SVDH POL4736

育种公司
荷兰安地国际有限公司

胚性
单胚

IM802

品种名称
SV1555

指纹信息
A1111B0110011C110110D11001E10110F101

父母本来源
SVDH MS 2536×SVDH POL 4892

育种公司
荷兰安地国际有限公司

胚性
单胚

SV1555

品种名称
SR-411

指纹信息
A1111B0110011C000010D11111E10110F101

父母本来源
SVDH MS2537×SVDH POL4771

育种公司
荷兰安地国际有限公司

胚性
单胚

SR-411

品种名称
SV1433

指纹信息
A1111B0011011C011111D11111E10110F111

父母本来源
SVDHMS2556 × SVDHPOL4887

育种公司
荷兰安地国际有限公司

胚性
单胚

SV1433

品种名称
HI0479

指纹信息
A1111B1100111C110110D11110E11111F101

父母本来源
MS-304×POLL-0179

育种公司
MariboHilleshog ApS麦瑞博西索科有限公司

胚性
单胚

HI0479

品种名称
HI0474

指纹信息
A1111B0100001C110110D11110E11111F101

父母本来源
MS-06201×POLL-40200

育种公司
MariboHilleshog ApS麦瑞博西索科有限公司

胚性
单胚

HI0474

品种名称
HI1003

指纹信息
A1111B1100101C010010D11111E11111F111

父母本来源
MS-310×POLL-0103

育种公司
MariboHilleshog ApS麦瑞博西索科有限公司

胚性
单胚

HI1003

品种名称
HI1059

指纹信息
A1111B1100101C100110D11110E11111F111

父母本来源
MS-057×POLL-0402

育种公司
MariboHilleshog ApS麦瑞博西索科有限公司

胚性
单胚

HI1059

品种名称
H809

指纹信息
A1011B0011011C010010D10101E11111F101

父母本来源
SVDH MS2540×SVDH POL4772

育种公司
荷兰安地国际有限公司

胚性
单胚

H809

160

品种名称
KWS1176

指纹信息
A0001B0000001C110110D01100E00011F111

父母本来源
KWSMS9266×KWSP9082

育种公司
KWS SAAT SE

胚性
单胚

KWS1176

品种名称
KWS4502

指纹信息
A1111B0000001C001010D11101E10110F111

父母本来源
1JF1759×1S_1103

育种公司
KWS SAAT SE

胚性
单胚

KWS4502

品种名称
KWS9147

指纹信息
A1011B0100101C010011D11110E00110F111

父母本来源
KWSMS9351×KWSP8907

育种公司
KWS SAAT SE

胚性
单胚

KWS9147

品种名称
KWS1197

指纹信息
A1011B0000001C001111D10101E11111F111

父母本来源
KWSMS9839×KWSP9057

育种公司
KWS SAAT SE

胚性
单胚

KWS1197

品种名称
MA097

指纹信息
A0110B1110101C110110D10110E11111F001

父母本来源
M-020×P2-33

育种公司
MariboHilleshog ApS麦瑞博西索科有限公司

胚性
单胚

MA097

品种名称
MA104

指纹信息
A0110B1100101C110110D10110E10110F001

父母本来源
M-020×P2-69

育种公司
MariboHilleshog ApS麦瑞博西索科有限公司

胚性
单胚

MA104

品种名称
MA3005

指纹信息
A0110B1100101C111111D10110E11111F111

父母本来源
M-027×P2-36

育种公司
MariboHilleshog ApS麦瑞博西索科有限公司

胚性
单胚

MA3005

品种名称
MA3001

指纹信息
A0010B1100101C110110D10110E11111F001

父母本来源
M-020×P2-35

育种公司
MariboHilleshog ApS麦瑞博西索科有限公司

胚性
单胚

MA3001

品种名称
MA2070

指纹信息
A0110B1100101C110110D10110E11111F001

父母本来源
M-026×P2-35

育种公司
MariboHilleshog ApS麦瑞博西索科有限公司

胚性
单胚

MA2070

品种名称
BETA240

指纹信息
A1110B0110011C100110D11101E11111F111

父母本来源
BTSMS91039 × BTSP93123

育种公司
美国BETASEED公司

胚性
多胚

BETA240

品种名称
PJ1

指纹信息
A1111B0110011C010010D10101E11111F111

父母本来源
KuhnM-977×KuhnP-9912

育种公司
KWS SAAT SE

胚性
多胚

PJ1

品种名称
爱丽斯

指纹信息
A1110B0110011C111011D11101E11111F111

父母本来源
MS 3250×POL 7352

育种公司
荷兰安地国际有限公司

胚性
多胚

爱丽斯

品种名称
KUHN8062

指纹信息
A1111B0110011C111111D11101E11110F111

父母本来源
Kuhn Ms5641×Kuhn Pol9980

育种公司
荷兰安地国际有限公司

胚性
多胚

KUHN8062

品种名称
LN90910

指纹信息
A0000B0000001C011111D11111E10110F111

父母本来源
CQM10DM78.2 × RMSF10B

育种公司
英国莱恩种业

胚性
多胚

LN90910

品种名称
甘糖7号

指纹信息
A0111B0010011C111111D11101E11111F111

父母本来源
MS2007-2A×P2007

育种公司
武威三农种业科技有限公司

胚性
多胚

甘糖 7 号

品种名称
CH0612

指纹信息
A1111B0010011C010010D10101E10110F111

父母本来源
MSBCL-8×PC28

育种公司
荷兰安地国际有限公司

胚性
多胚

CH0612

品种名称
KUHN814

指纹信息
A1110B0001001C010010D10110E11111F111

父母本来源
MSBc1×MSF1

育种公司
荷兰安地国际有限公司

胚性
多胚

KUHN814

品种名称
新甜15号

指纹信息
A1111B1111111C111111D11101E11110F111

父母本来源
7208-2×B63

育种公司
新疆农业科学院经济作物研究所

胚性
多胚

新甜 15 号

品种名称
新甜14号

指纹信息
A1110B1111111C111111D10101E11111F111

父母本来源
M9304×（Z-6+7267）

育种公司
新疆农业科学院经济作物研究所

胚性
多胚

新甜 14 号

品种名称
Elma1214

指纹信息
A1011B0010011C011111D10111E10110F111

父母本来源
SI2.26×RM77.20.2

育种公司
英国莱恩种业

胚性
多胚

Elma1214

品种名称
KWS9442

指纹信息
A1111B0000011C001111D11101E10110F001

父母本来源
KWSMS9326×KWSP8840

育种公司
KWS SAAT SE

胚性
多胚

KWS9442

品种名称
KWS0469

指纹信息
A1111B0000001C011011D01100E00110F111

父母本来源
0469MS×0469P

育种公司
KWS SAAT SE

胚性
多胚

KWS0469

品种名称
XJT9911

指纹信息
A1111B1111111C111111D11111E11110F001

父母本来源
BR321×KM84

育种公司
新疆农业科学院经济作物研究所

胚性
多胚

XJT9911

品种名称
XJT9909

指纹信息
A1111B1111111C011111D11111E11111F111

父母本来源
JT204A×RN02

育种公司
新疆农业科学院经济作物研究所

胚性
多胚

XJT9909

品种名称
XJT9908

指纹信息
A1110B0011111C001111D11110E11110F111

父母本来源
JT203A×R1-2-2

育种公司
新疆农业科学院经济作物研究所

胚性
多胚

XJT9908

品种名称
BTS705

指纹信息
A1111B0110011C010010D11111E11111F111

父母本来源
916JF35 × 711T_13

育种公司
美国BETASEED公司

胚性
多胚

BTS705

品种名称
KUHN1125

指纹信息
A1110B0010011C010010D11101E10110F111

父母本来源
HJM-04×IM006

育种公司
荷兰安地国际有限公司

胚性
多胚

KUHN1125

品种名称
KWS3928

指纹信息
A1111B0110011C100110D01100E10110F111

父母本来源
9J_1950×1BT4703

育种公司
KWS SAAT SE

胚性
多胚

KWS3928

品种名称
SV2085

指纹信息
A1110B0010011C010010D11100E00110F111

父母本来源
SVDH MS2569×SVDH POL4909

育种公司
荷兰安地国际有限公司

胚性
多胚

SV2085

品种名称
MK4187

指纹信息
A1111B0111011C001111D11111E10110F111

父母本来源
KUHN MS5389×KUHN POL9965

育种公司
荷兰安地国际有限公司

胚性
多胚

MK4187

品种名称
KWS3935

指纹信息
A1111B0000011C100110D11101E11111F111

父母本来源
0J_1825×1BT4703

育种公司
KWS SAAT SE

胚性
多胚

KWS3935

品种名称
ZT6

指纹信息
A1110B0110111C101111D10100E11111F001

父母本来源
006ms-83×抗4

育种公司
张掖市农业科学研究院 张掖市金宇种业有限
责任公司

胚性
多胚

ZT6

品种名称
LN90909

指纹信息
A0001B0000011C011111D10101E10110F001

父母本来源
RM799.257×SI3.28

育种公司
Lion seeds Ltd

胚性
多胚

LN90909

品种名称
甜研312

指纹信息
A1110B0111111C111111D10101E11110F101

父母本来源
03408×03210

育种公司
黑龙江大学

胚性
多胚

甜研 312

品种名称
甜研208

指纹信息
A1110B0110111C111111D11111E11111F111

父母本来源
DP23×DP24

育种公司
黑龙江大学

胚性
多胚

甜研 208

附录 5　供试材料的育性分子标记的鉴定情况

材料编号	品种名称	TR1引物鉴定结果/bp	o7引物鉴定结果/kbp	s17引物鉴定结果/kbp	酶切模式类型	花粉育性
1	HI0936	500	1.8	1.8	4/5,5/5 杂合	不育
2	VF3019	500	1.8,1.4/1.8,1.4/2.6,2.6 杂合	1.8	4/4,4/5 杂合	未抽薹
3	SS1532	500	1.8,1.4/1.8 杂合	1.8	4/5,5/5 杂合	不育
4	BETA796	500	1.4	1.8,1.3/1.8 杂合	4/5	不育
5	BETA468	500	1.4,1.4/1.8 杂合	1.8	4/4	不育
6	BETA176	500	1.8	1.8	5/5	不育
7	KUHN8060	500	1.8,1.4 杂合	1.8	4/5	不育
8	KUHN1178	500	1.4	1.3/1.8	—	未抽薹
9	KUHN9046	500	1.8	1.8	4/5,5/5 杂合	不育
10	SV1375	500	1.4	1.8	4/5,5/5 杂合	未抽薹

续表

材料编号	品种名称	TR1 引物鉴定结果/bp	o7 引物鉴定结果/kbp	s17 引物鉴定结果/kbp	酶切模式类型	花粉育性
11	HX910	500	1.4	1.8	4/5	未抽薹
12	H003	500	1.8	1.8	4/5	未抽薹
13	LS1210	500	1.4,1.4/1.8 杂合	1.8	5/5	不育
14	LS1321	500	1.4/1.8,1.4/2.6 杂合	1.8,1.3/1.8 杂合	5/5	可育
15	AK3018	500	1.8	1.8	4/5	可育
16	RIVAL	500	1.8	1.8	4/5	未抽薹
17	GGR1609	500	1.4,1.4/1.8,1.4/2.6 杂合	1.8,1.3/1.8 杂合	4/5,5/5 杂合	不育
18	Flores	500	1.8		4/4,4/5,5/5 杂合	不育
19	MK4062	500	1.8,1.4 杂合	1.8	4/5	不育
20	H004	500	1.4	1.8	4/5	不育
21	LS1216	500	2.6	1.8,1.3/1.8 杂合	5/5	不育
22	SX181	500	1.4	1.8	4/5	未抽薹

续表

材料编号	品种名称	TR1引物鉴定结果/bp	o7引物鉴定结果/kbp	s17引物鉴定结果/kbp	酶切模式类型	花粉育性
23	KUHN1001	500	1.8	1.8	4/5	不育
24	MA10-6	500	2.6,1.4杂合	1.3/1.8	—	未抽薹
25	MA11-8	500	1.8	1.8	4/5,5/5杂合	可育
26	LS1318	500	1.4,1.4/2.6杂合	1.8	5/5	未抽薹
27	LN80891	500	1.4,1.4/2.6杂合	1.8	4/5,5/5杂合	未抽薹
28	SV1434	500	1.4,1.8,1.4/1.8杂合	1.8	4/4,4/5,5/5	不育
29	KWS1231	500	1.4,1.4/1.8杂合	1.8	4/5	不育
30	BTS2730	500	1.4,1.4/1.8,2.6杂合	1.8,1.3/1.8杂合	4/5	可育
31	BTS5950	500	1.8,1.4杂合	1.8,1.3/1.8杂合	4/4	可育
32	BTS8840	500	1.4,1.4/1.8杂合	1.8	4/4	未抽薹
33	KWS2314	500	1.4	1.3/1.8	—	未抽薹
34	SV1366	500	1.4,1.8杂合	1.8	4/5,5/5杂合	不育

续表

材料编号	品种名称	TR1引物鉴定结果/bp	o7引物鉴定结果/kbp	s17引物鉴定结果/kbp	酶切模式类型	花粉育性
35	SX1511	500	1.8	1.8	4/5,5/5杂合	未抽薹
36	SX1512	500	1.4	1.8	4/5	未抽薹
37	XJT9907	500	2.6,1.4/2.6杂合	1.8	5/5	可育
38	KUHN1387	500	1.8	1.8	4/5,5/5杂合	未抽薹
39	SV893	500	1.4	1.8	4/5,5/5杂合	不育
40	MK4162	500	1.4,1.8,1.4/1.8杂合	1.8	4/5	不育
41	MK4085	500	1.8	1.8	4/5,5/5杂合	未抽薹
42	SV1588	500	1.8,1.4杂合	1.8	4/5,5/5杂合	不育
43	KUHN1357	500	1.4/1.8,1.8杂合	1.8	4/4	未抽薹
44	BTS2860	500	1.4	1.8	4/4	可育
45	NT39106	500	1.4	1.8	4/5	未抽薹
46	KUHN1280	500	1.4	1.8	4/5,5/5杂合	不育

续表

材料编号	品种名称	TR1引物鉴定结果/bp	o7引物鉴定结果/kbp	s17引物鉴定结果/kbp	酶切模式类型	花粉育性
47	KWS3354	500	1.8	1.3/1.8	—	未抽薹
48	SV1752	500	1.4	1.8	4/5,5/5杂合	不育
49	KUHN1277	500	1.4	1.8	4/5,5/5杂合	未抽薹
50	SX1517	500	1.8	1.8	4/5,5/5杂合	不育
51	KWS3410	500	1.8	1.8	4/5	未抽薹
52	KUHN4092	500	1.8	1.8,1.3/1.8杂合	4/5,5/5杂合	未抽薹
53	KWS7125	500	1.8,1.4杂合	1.3/1.8	—	未抽薹
54	KTA1118	500	2.6	1.8	4/4	不育
55	KWS5599	500	1.8	1.3/1.8	—	未抽薹
56	KWS6661	500	1.4	1.8,1.3/1.8杂合	4/5	可育
57	HDTY02	500	1.4,1.4/1.8,1.4/2.6杂合	1.8	5/5	可育
58	航甜单0919	500	1.4	1.8	4/4,4/5杂合	可育

续表

材料编号	品种名称	TR1引物鉴定结果/bp	o7引物鉴定结果/kbp	s17引物鉴定结果/kbp	酶切模式类型	花粉育性
59	LS1805	500	1.4/2.6	1.8	5/5	未抽薹
60	LN1708	500	1.4	1.8,1.3/1.8杂合	5/5	未抽薹
61	LN17101	500	1.8	1.8,1.3/1.8杂合	5/5	未抽薹
62	IM1162	500	1.8	1.8	4/5,5/5杂合	不育
63	KUHN5012	500	1.4	1.8	4/5,5/5杂合	不育
64	MK4044	500	1.4,1.8杂合	1.8	4/5	未抽薹
65	H7IM15	500	1.4	1.8	4/4	可育
66	SR496	500	1.4	1.8	4/4	未抽薹
67	IM802	500	1.4	1.8	4/4	不育
68	SV1555	500	1.4/1.8,1.8	1.8	4/5	未抽薹
69	SR-411	500	1.4	1.8	4/5,5/5杂合	未抽薹
70	SV1433	500	1.4	1.8	4/4	不育

续表

材料编号	品种名称	TR1引物鉴定结果/bp	o7引物鉴定结果/kbp	s17引物鉴定结果/kbp	酶切模式类型	花粉育性
71	HI0479	500	1.8	1.8	4/4,4/5,5/5杂合	未抽薹
72	HI0474	500	1.4/1.8	1.8	4/5	不育
73	HI1003	500	1.8	1.8	4/4	不育
74	HI1059	500	1.8,2.6杂合	1.8	4/5,5/5杂合	可育
75	H809	500	1.8,2.6杂合	1.8	4/4,4/5杂合	未抽薹
76	KWS1176	500	1.8	1.8,1.3/1.8杂合	4/5	可育
77	KWS4502	500	1.4,1.4/1.8杂合	1.8	4/4,5/5杂合	未抽薹
78	KWS9147	500	1.4	1.3/1.8	—	可育
79	KWS1197	500	1.8	1.8	4/5	不育
80	MA097	500	1.8	1.8,1.3/1.8杂合	4/5,5/5杂合	不育
81	MA104	500	1.8	1.8	4/4,4/5杂合	可育
82	MA3005	500	1.8	1.8	4/5,5/5杂合	可育

续表

材料编号	品种名称	TR1 引物鉴定结果/bp	o7 引物鉴定结果/kbp	s17 引物鉴定结果/kbp	酶切模式类型	花粉育性
83	MA3001	500	1.8	1.8	4/4,4/5 杂合	未抽薹
84	MA2070	500	1.8	1.8	4/4	不育
85	BETA240	500	1.4,1.8,1.4/1.8 杂合	1.8	4/5,5/5 杂合	不育
86	爱丽斯	500	1.4,1.4/1.8 杂合	1.3/1.8	—	未抽薹
87	KUHN8062	500	1.4	1.8,1.3/1.8 杂合	4/4,5/5 杂合	不育
88	LN90910	500	1.4/1.8	1.3/1.8	—	未抽薹
89	甘糖 7 号	500	1.4,1.4/1.8,1.8/2.6 杂合	1.8,1.3/1.8 杂合	4/4,4/5 杂合	未抽薹
90	CH0612	500	1.4,1.4/1.8 杂合	1.8	5/5	未抽薹
91	KUHN814	500	1.4	1.8	4/5	未抽薹
92	新甜 15 号	500,750 杂合	1.4,1.8,1.4/1.8 杂合	1.8,1.3/1.8 杂合	4/5,5/5 杂合	可育
93	新甜 14 号	500	1.8	1.3/1.8	—	可育
94	Elma1214	500	1.4,1.4/1.8 杂合	1.8	5/5	不育

续表

材料编号	品种名称	TR1引物鉴定结果/bp	o7引物鉴定结果/kbp	s17引物鉴定结果/kbp	酶切模式类型	花粉育性
95	KWS9442	500	1.4	1.8,1.3/1.8杂合	5/5	不育
96	KWS0469	500	1.4,1.4/1.8杂合	1.3,1.8,1.3/1.8杂合	0	未抽薹
97	XJT9911	500	1.4	1.8	4/5,5/5杂合	可育
98	XJT9909	500	1.4	1.8	4/5,5/5杂合	可育
99	XJT9908	500	1.4,1.4/2.6杂合	1.8	4/4,4/5,5/5杂合	未抽薹
100	BTS705	500	1.4	1.8	4/4	未抽薹
101	KUHN1125	500	1.4	1.3/1.8	—	未抽薹
102	KWS3928	500	1.8	1.8	5/5	可育
103	SV2085	500	1.4	1.8	4/5,5/5杂合	未抽薹
104	MK4187	500	1.4	1.8	4/5,5/5杂合	不育
105	KWS3935	500	1.8	1.8,1.3/1.8杂合	4/5,5/5杂合	未抽薹
106	ZT6	500,750杂合	1.4	1.8	4/4,5/5杂合	可育

续表

材料编号	品种名称	TR1引物鉴定结果/bp	o7引物鉴定结果/kbp	s17引物鉴定结果/kbp	酶切模式类型	花粉育性
107	LN90909	500	1.4,1.4/1.8杂合	1.8,1.3/1.8杂合	—	未抽薹
108	甜研312	500、750杂合	1.4/1.8	1.8	5/5	未抽薹
109	甜研208	500	1.4	1.8	5/5	不育
110	WZD-5CMS自交系	500	1.4	1.8	4/4	不育
111	WZD-50自交系	750	1.4	1.8	4/4	可育

附录 6　部分实验图

附录 6-1　代表引物 URP6R 对 111 个甜菜品种扩增条带图

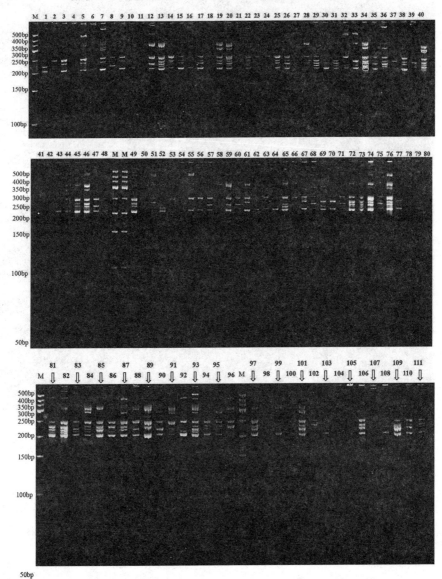

附录 6-2　部分甜菜品种的 TR1、S17 扩增图以及酶切图

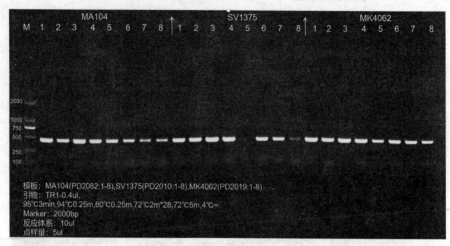

模板：MA104(PD2082:1-8),SV1375(PD2010:1-8),MK4062(PD2019:1-8)
引物：TR1-0.4ul,
95℃C3min,94℃C0.25m,60℃C0.25m,72℃C2m*28,72℃C5m,4℃∞
Marker：2000bp
反应体系：10ul
点样量：5ul

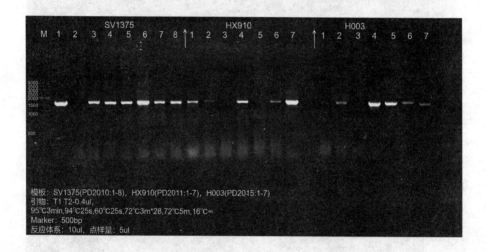

模板：SV1375(PD2010:1-8), HX910(PD2011:1-7), H003(PD2015:1-7)
引物：T1 T2-0.4ul,
95℃C3min,94℃C25s,60℃C25s,72℃C3m*28,72℃C5m,16℃∞
Marker：500bp
反应体系：10ul，点样量：5ul

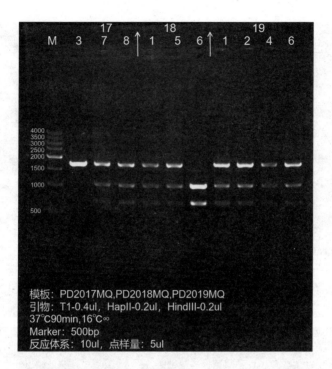

模板：PD2017MQ,PD2018MQ,PD2019MQ
引物：T1-0.4ul，HapⅡ-0.2ul，HindⅢ-0.2ul
37℃90min,16℃∞
Marker: 500bp
反应体系：10ul，点样量：5ul

附录6-3　部分基于 SSR 分子标记的指纹图谱电泳图

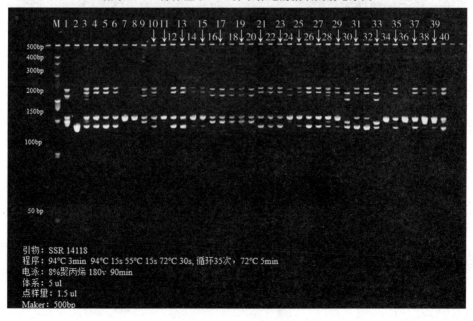

引物：SSR 14118
程序：94℃ 3min 94℃ 15s 55℃ 15s 72℃ 30s,循环35次，72℃ 5min
电泳：8%聚丙烯 180v 90min
体系：5 ul
点样量：1.5 ul
Maker：500bp

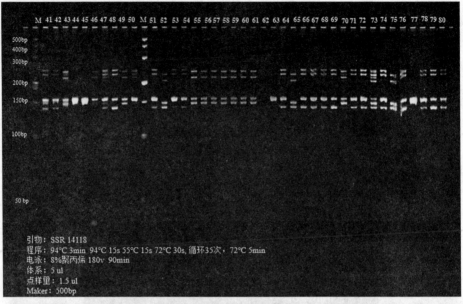

引物：SSR 14118
程序：94℃ 3min 94℃ 15s 55℃ 15s 72℃ 30s，循环35次，72℃ 5min
电泳：8%聚丙烯 180v 90min
体系：5 ul
点样量：1.5 ul
Maker：500bp

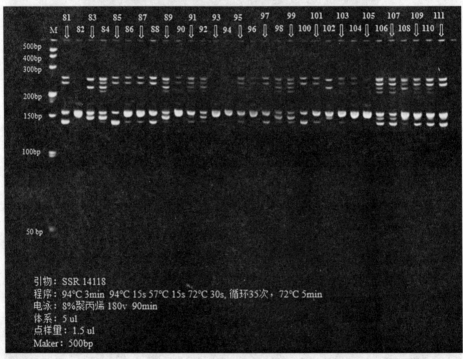

引物：SSR 14118
程序：94℃ 3min 94℃ 15s 57℃ 15s 72℃ 30s，循环35次，72℃ 5min
电泳：8%聚丙烯 180v 90min
体系：5 ul
点样量：1.5 ul
Maker：500bp

附录 6-4　基于 SCoT12 分子标记的 111 个甜菜品种的电泳扩增图

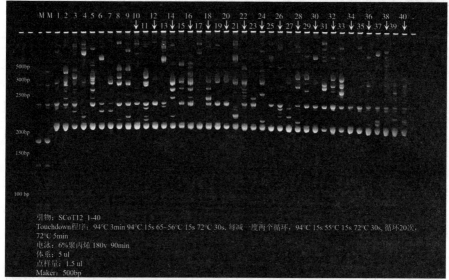

引物：SCoT12 1-40
Touchdown程序：94℃ 3min 94℃ 15s 65~56℃ 15s 72℃ 30s，每减一度两个循环，94℃ 15s 55℃ 15s 72℃ 30s，循环20次，72℃ 5min
电泳：6%聚丙烯 180v 90min
体系：5 ul
点样量：1.5 ul
Maker：500bp

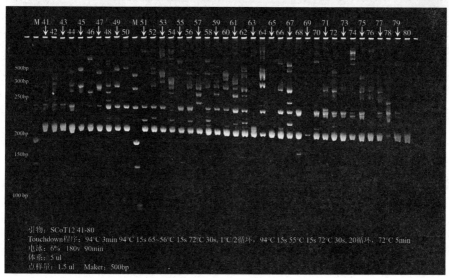

引物：SCoT12 41-80
Touchdown程序：94℃ 3min 94℃ 15s 65~56℃ 15s 72℃ 30s，1℃/2循环，94℃ 15s 55℃ 15s 72℃ 30s，20循环，72℃ 5min
电泳：6%　180v 90min
体系：5 ul
点样量：1.5 ul　Maker：500bp

引物：SCoT12 81-111
Touchdown程序：94℃ 3min 94℃ 15s 65~56℃ 15s 72℃ 30s，每减一度两个循环，94℃ 15s 55℃ 15s 72℃ 30s，循环20次，72℃ 5min
电泳：6%聚丙烯 180v 90min
体系：5ul
点样量：1.5 ul
Maker：500bp